Minha vida na Neurocirurgia

Jose Carlos Lynch

Minha vida na Neurocirurgia

Uma visão sobre meus pacientes

MANOLE

Editora: Eliane Otani
Coordenação e produção editorial: Eliane Otani/Visão Editorial
Projeto gráfico e diagramação: Eliane Otani/Visão Editorial
Capa: Sopros Design
Imagem da capa: Maria Lynch

CIP-BRASIL. CATALOGAÇÃO NA PUBLICAÇÃO
SINDICATO NACIONAL DOS EDITORES DE LIVROS, RJ

L996m
Lynch, Jose Carlos
Minha vida na neurocirurgia : uma visão sobre meus pacientes / Jose Carlos Lynch. - 1. ed. - Santana de Parnaíba [SP] : Manole, 2021.
112 p. ; 21 cm.

ISBN 978-65-5576-396-6

1. Lynch, Jose Carlos -- Narrativas pessoais. 2. Sistema nervoso - Cirurgia. 3. Médico e paciente. I. Título.

21-70103 CDD: 617.48
CDU: 616.8-089

Leandra Felix da Cruz Candido - Bibliotecária - CRB-7/6135

1ª edição – 2021

Editora Manole Ltda.
Alameda América, 876 – Polo Empresarial – Tamboré
Santana de Parnaíba – SP – Brasil – CEP: 06543-315
Tel.: (11) 4196-6000
www.manole.com.br – atendimento.manole.com.br

Impresso no Brasil | *Printed in Brazil*

Aos meus pais, Abdias e Edna,
minha origem

e

aos meus filhos, Maria, Bernardo e Carlos,
minha continuidade.

AGRADECIMENTO ESPECIAL

À Maria Teresa,
minha mulher, minha amiga, meu amor.

AGRADECIMENTOS

"Ninguém é uma ilha", assim falou John Donne.*

Até uma ilha distante, perdida no meio do oceano, mantém algum contato com o continente. A água do mar que banha sua costa é a mesma que toca as praias.

Mesmo uma ilha não fica completamente isolada.

Minha vida profissional como neurocirurgião não poderia ter existido sem a colaboração, a ajuda e o estímulo de inúmeras pessoas.

Em primeiro lugar, agradeço a todos os **meus pacientes** pela confiança e esperança na cura das suas doenças. Todos me ensinaram muito.

Aos **meus assistentes**, que, ao longo de quarenta anos, me acompanharam nessa jornada profissional: o Dr. Celestino Esteves Pereira e o Dr. Ricardo de Andrade, amigos e médicos incansáveis; o Dr. Fabiano Gouveia, anestesista de grande competência e parceiro em inúmeras cirurgias; e, mais recentemente, a Dra. Mariangela Barbi.

À Marcia Cristina Gomes Vieira, instrumentadora; à Mirian Luz, chefe de enfermagem do Hospital Federal dos

---

* John Mayra Donne (1572-1631), poeta inglês, pregador e o maior representante dos poetas metafísicos da época.

Servidores do Estado (HFSE); e à equipe de secretárias: Denise Bettiol e Kelli Matos, do HFSE, e Luciana Placido (clínica privada), pela competência e dedicação.

Aos meus **30 residentes**, formados ao longo de minha permanência como Chefe do Serviço de Neurocirurgia do HFSE, que, com sua juventude, curiosidade e questionamentos, acrescentaram muito conteúdo às Sessões Clínicas, às Sessões Clube de Revista e às Sessões de Morbidade e Mortalidade, criadas por mim.

Aos Drs. Jorge Moll, João Pantoja e Ricardo Chê Andrade, que, por intermédio da Rede D'Or, trouxeram e implantaram modernidade e competência, revolucionando o atendimento hospitalar no Rio de Janeiro.

Também tive a enorme sorte de encontrar, no início de minha vida profissional, médicos de outras especialidades que confiaram e apostaram em mim: Dr. Aloiso de Carvalho, Dr. Amauri de Carvalho e Dr. Costa Vaz. Todos eles me deram conselhos preciosos, com exemplos de vida, palavras e importantes estímulos para o desenvolvimento da minha carreira médica. Aos três, meus mais sinceros agradecimentos (*in memoriam*).

PREFÁCIO

A Neurocirurgia é a especialidade médica que trata as doenças do cérebro humano e da medula espinhal, como aneurismas, tumores malignos e benignos, malformações congênitas e malformações vasculares, por meio de delicadas, precisas e complexas cirurgias que exigem um esforço intenso do neurocirurgião e um trabalho em equipe muito entrosado.

Concluí meus estudos de medicina na Universidade do Estado do Rio de Janeiro em 1969. Após ter sido aprovado para exercer medicina nos Estados Unidos, realizei o internato em Cirurgia Geral no Washington Hospital Center, associado à Universidade George Washington. Depois da conclusão do internato, rumei para Nova York para fazer minha residência médica em Neurocirurgia no Mount Sinai Hospital.

O serviço de Neurocirurgia era chefiado, à época, pelo renomado Dr. Leonard Malis, que, além de ter desenvolvido vários instrumentos microcirúrgicos, foi um dos criadores da técnica de microcirurgia.

A técnica de microcirurgia emprega um potente microscópio que fornece ao neurocirurgião uma perfeita visualização de pequenas e delicadas estruturas cerebrais que não podem ser retraídas e, principalmente, seccionadas durante um ato operatório. Sua grande vantagem é que o cirurgião realiza o processo com um grande aumento da acuidade e da profundidade visual, proporcionando melhor identificação da anatomia e permitindo, dessa forma, uma precisa execução dos movimentos das mãos durante, por exemplo, a dissecção e a remoção de um tumor cerebral.

Após esse período de intenso aprendizado, retornei ao Rio de Janeiro, onde iniciei minha carreira médica atuando na especialidade de Neurocirurgia, tanto no serviço público, inicialmente no Hospital Cardoso Fontes e, depois, no Hospital Federal dos Servidores do Estado (HFSE), como também na iniciativa privada, na Rede D'Or São Luiz.

Não existe órgão mais complexo e delicado do que o cérebro humano.

Estima-se em 100 bilhões o número de neurônios com complexas interligações, todos possuindo funções específicas, organizados em regiões bem definidas do cérebro, denominados lobos cerebrais (Figura 1). Assim, por exemplo, a região mais anterior do cérebro, denominada lobo frontal, é responsável não apenas pela capacidade de planejamento e execução das funções cognitivas, como também pelas sensações de alegria e tristeza.

Ainda no lobo frontal, situado um pouco mais atrás, há um conjunto de células, denominadas neurônios motores, que formam um manto que reveste a face externa do mesmo (lobo frontal) e que são responsáveis pelos movimentos das pernas e dos braços, do lado oposto do corpo. Ocorrendo uma lesão, seja um tumor ou um acidente vascular cerebral (AVC) no lobo frontal direito, a consequência será uma paralisia no lado oposto do corpo, ou seja, no lado esquerdo. Isso ocorre porque as fibras que saem do lobo frontal, levando as mensagens geradas pelo cérebro para os braços e as pernas, cruzam o cérebro e se dirigem para o lado oposto do corpo. Esse cruzamento das fibras situa-se na região do tronco cerebral (feixe piramidal). No lobo frontal, existe um importante grupamento de neurônios responsável pela articulação da linguagem, situado preferencialmente no hemisfério cerebral esquerdo, denominado hemisfério dominante. Foi descrito, pela primeira vez, pelo neurologista francês Dr. Paul Broca. Outra região extremamente importante e sensível, localizada atrás da área motora, é a somatossensitiva, responsável pelo recebimento e pela identificação das sensações corporais, proveniente das várias regiões do nosso corpo (Figura 1).

Um erro de um simples milímetro durante o planejamento ou a execução do ato cirúrgico pode ter consequências catastróficas para o paciente. O uso da técnica da microcirurgia, portanto, reduz sobremaneira esses riscos.

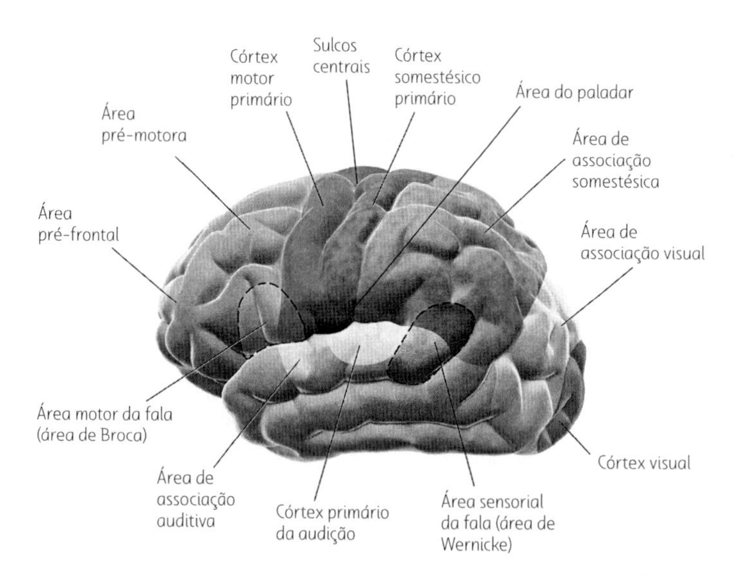

FIGURA 1. Desenho do cérebro humano mostrando as principais áreas funcionais.

(Fonte: Medical Gallery of Blausen Medical 2014. WikiJournal of Medicine 1 (2). DOI:10.15347/wjm/2014.010. CC BY 3.0)

A responsabilidade de um neurocirurgião é enorme. O paciente a ser operado fica completamente anestesiado, imóvel, com o crânio aberto, e seu cérebro exposto, entregue, para que o médico decida o que fazer e como curá-lo!

Mesmo após horas de total concentração, não há espaço para cansaço físico nem desatenção - o neurocirurgião tem de continuar e continuar até vencer a doença que poderia matar aquela pessoa.

É extremamente difícil, muitas vezes penoso e eventualmente devastador o convívio do médico com seus pacientes, porque algumas vezes eles apresentam uma doença incurável que poderá levá-los ao óbito.

Esse contato não é apenas com um paciente, mas, sim, com um ser humano, que está ali à sua frente, ansioso, tomado por um medo avassalador e depositando uma enorme esperança em seu médico.

As histórias que relato a seguir são de alguns pacientes operados por mim ao longo desses quarenta anos de vida dedicados integralmente à Neurocirurgia.

SUMÁRIO

MENINGIOMA INTRACRANIANO, O TUMOR BENIGNO MAIS FREQUENTE

A meninge é uma membrana que envolve o cérebro, como se fosse um envelope. A meningite é uma infecção que ocorre nas meninges, uma doença grave que merece tratamento precoce e preciso.

O meningioma intracraniano é um tumor benigno que se origina da meninge.

A diferença básica entre o tumor benigno e o tumor maligno (câncer) é que o benigno cresce lentamente e não invade nem destrói os órgãos adjacentes. O meningioma intracraniano, à medida que cresce, vai comprimindo o cérebro de forma lenta e gradual, mas de modo inexorável.

Certa vez, num dia normal de trabalho em meu consultório, recebi uma ligação de um amigo de adolescência, dizendo que sua mãe apresentava dificuldade de andar, arrastando a perna esquerda há dois meses e que recentemente havia, por duas vezes, caído ao chão. No mesmo dia, fui examiná-la em sua residência. A paciente era uma viúva de 86 anos, mãe de seis filhos e avó de nove netos. Seus filhos lhe prestavam uma reverência obsequiosa e eram extremamente preocupados com a sua saúde e bem-estar. Ela era uma verdadeira matriarca libanesa.

Estava lúcida, porém um pouco desorientada e levemente sonolenta. Apresentava diminuição da força muscular em todo o lado esquerdo, principalmente na perna, e era obesa, hipertensa e diabética.

Após o exame neurológico, reuni-me com seus filhos, que ansiosamente aguardavam na sala. Expliquei os achados do meu exame e falei que seria necessário realizar uma ressonância do cérebro para esclarecer o diagnóstico, que eu desconfiava ser um tumor cerebral. Fiz o pedido da ressonância e tomei um café acompanhado de deliciosos doces árabes.

Examinei, junto ao radiologista, o resultado da ressonância cerebral. Fiquei assustado com o tamanho do tumor. A lesão envolvia todo o lobo frontal, deslocando o cérebro para o outro lado da linha média. Era uma das maiores lesões intracranianas que já tinha visto em toda a minha vida médica.

Solicitei uma reunião com a família e expliquei, em detalhes, quais eram as alternativas possíveis. Expus a minha opinião: disse claramente que a senhora deveria ser operada. Embora os riscos fossem grandes, em decorrência de sua idade e das comorbidades, não havia outra alternativa e, se não tentássemos a cirurgia, iria fatalmente falecer. Antes da decisão final, porém, ela deveria saber dos riscos da cirurgia e decidir por si própria.

Essa afirmação provocou uma comoção na sala:

— A mamãe não pode decidir, é muito idosa!

— Ela não vai compreender que os riscos são grandes, que podem surgir sequelas neurológicas ou, até mesmo, ocorrer o óbito!

— Vai ser impossível ela decidir por si!

Esperei pacientemente que os seis filhos se manifestassem e que os ânimos se acalmassem. Cada um dos filhos tinha uma opinião sobre o que fazer e como agir.

Eu me levantei e falei:

— Vou conversar com ela e explicar a situação que estamos enfrentando.

Dirigi-me até o quarto onde ela estava, deitada de olhos fechados, com as mãos cruzadas sobre o ventre, pacientemente esperando terminar a conversa com os seus filhos. Assim que entrei, ela abriu os olhos, me fitou e falou claramente:

– Jose Carlos, vamos operar!

Pela sua entonação e firmeza de voz, ela não deu margem para nenhuma dúvida quanto à sua decisão.

A cirurgia foi marcada para a semana seguinte e não se falou mais no assunto.

Após os procedimentos rotineiros para a indução da anestesia, a paciente foi colocada deitada de lado, com o dimídio direito para cima, e foi realizada tricotomia na região occipitoparietal. O local da cirurgia foi cuidadosamente lavado por cinco minutos com uma solução iodada, que posteriormente foi removida com jatos de soro filológico. Eu sempre dou importância à essa simples medida, porque essa lavagem diminui muito a chance de infecção hospitalar. A cabeceira da maca cirúrgica foi elevada a trinta graus com o intuito de diminuir o sangramento operatório, que já esperávamos que fosse intenso. A cirurgia teve início com uma incisão em forma de arco, seguida de um minucioso controle do sangramento. O retalho superficial fletido inferiormente expôs o osso que se mostrava invadido pelo tumor. O osso frontal removido do campo, após ter sido cortado com uma broca de alta rotação movida a nitrogênio, imediatamente revelou a dura-máter, a membrana que envolve o cérebro. Após a dura-máter ter sido cuidadosamente seccionada com a tesoura de microcirurgia e fletida inferiormente, alcançamos a face mais externa do tumor.

O microscópio cirúrgico foi, então, introduzido ao campo operatório, e sua magnificação ajustada para um aumento de dezesseis vezes.

A superfície tumoral era coberta por inúmeras artérias volumosas e tortuosas, que nutriam a lesão com sangue.

Todos esses vasos tiveram de ser coagulados com uma pinça especial, denominada pinça bipolar, que emite uma onda de calor sobre os vasos sanguíneos, obstruindo-os e cessando o sangramento no campo operatório, propiciando que a remoção tumoral seja realizada de forma segura. O tumor começou a ser lenta e progressivamente ressecado. A remoção de um tumor cerebral deve ser sempre feita a partir de pequenos fragmentos, até que toda a lesão seja removida, e o sangramento precisa ser perfeitamente controlado. Utilizamos, na remoção do meningioma, o aspirador ultrassônico, que acelera a remoção tumoral e diminui o risco de lesar os tecidos neurais e vasculares. Obtivemos a ressecção completa de lesão. O ato cirúrgico demorou quinze horas e, após o seu término, a paciente, que estava estável com os sinais vitais dentro da normalidade, foi transferida para o CTI.

Na manhã seguinte, quando adentrei o CTI para examiná-la, ouvi um chamado incisivo, em alto e bom som:

— Jose Carlos!

Surpreso, virei-me e a encontrei em seu leito, plenamente acordada, movendo os braços e as pernas ativamente. Ela imediatamente vociferou:

— Este hospital é uma porcaria!

Eu, entre confuso e feliz por vê-la tão bem, perguntei:

— Por quê? Por que o hospital é uma porcaria?

E ela, resoluta, respondeu:

— Puseram um enfermeiro homem para me dar o banho! É um absurdo uma senhora de mais de oitenta anos de idade ter de ficar nua em frente a um homem!

Respondi:

— A senhora tem toda a razão.

Dois anos depois, meu amigo me telefonou e disse:

— Jose Carlos, hoje minha mãe foi à praia comigo e, o mais incrível, mergulhou no mar! Muito obrigado.

A 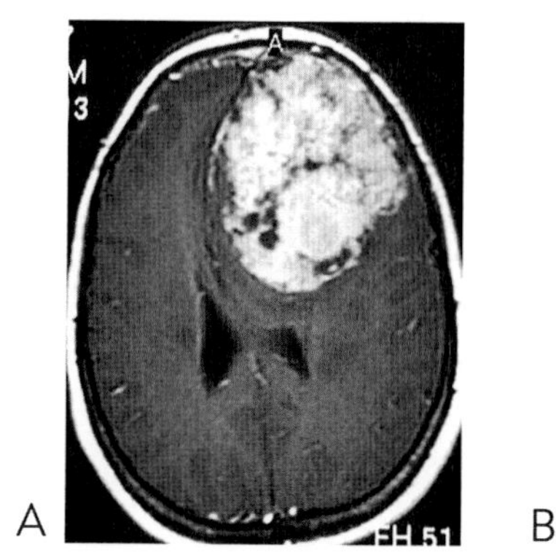 B 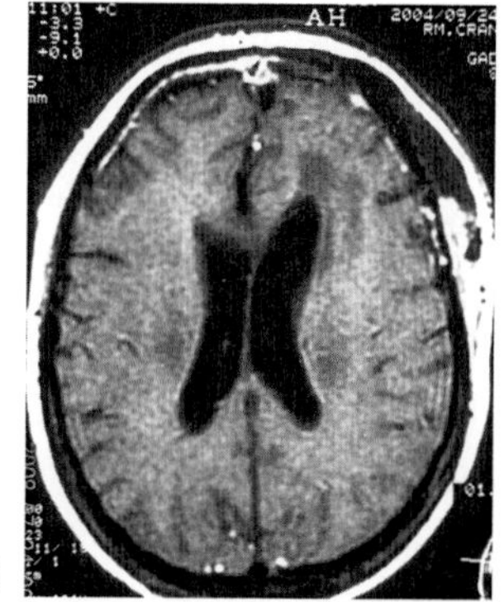

FIGURA 2. A) Ressonância cerebral revela um grande tumor localizado na região frontal. B) Ressonância cerebral realizada após a cirurgia comprova que o tumor foi completamente removido. A compressão cerebral foi desfeita e a paciente, curada.

(Fonte: acervo pessoal do autor)

MENINGIOMA ESFENOIDAL, MUITO FREQUENTE NAS MULHERES

Uma paciente de 55 anos começou a observar assimetria dos seus olhos, acompanhada de visão dupla (diplopia). Todos os exames neurológicos estavam dentro da normalidade. A ressonância cerebral mostrou uma lesão situada entre o lobo frontal e o lobo temporal. A cirurgia foi extremamente bem-sucedida, obtendo-se a total remoção da lesão (Figura 3).

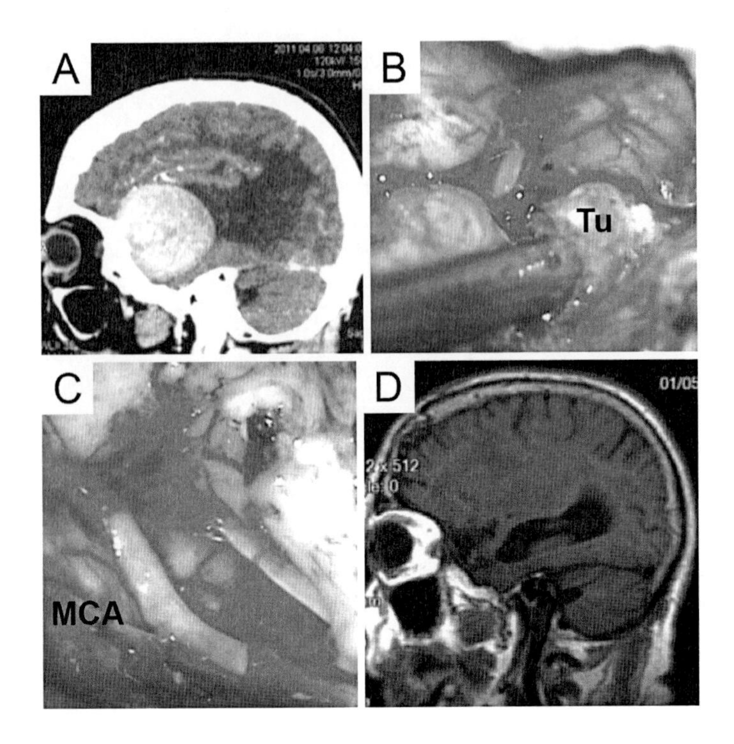

FIGURA 3. A) Ressonância cerebral mostra um tumor benigno. O tumor é a imagem esférica de cor branca no meio da fotografia. B) Fotografia realizada durante o ato cirúrgico. O tumor (Tu) está sendo dissecado do tecido cerebral. C) Após a ressecção do tumor, as artérias do cérebro estão livres e o tecido cerebral, descomprimido. D) Ressonância cerebral realizada depois da cirurgia revela que o tumor foi totalmente removido. A paciente está curada.

(Fonte: acervo pessoal do autor)

MELANOMA, UM CÂNCER DA PELE

O melanoma é um câncer de pele que provém de uma célula denominada melanócito. A exposição ao sol aumenta o risco de se desenvolver o melanoma, principalmente em pessoas de pele muito branca.

Uma paciente foi encaminhada pelo Ministério da Saúde para ser tratada pelos serviços de Neurocirurgia e Obstetrícia do Hospital Federal dos Servidores do Estado (HFSE). O HFSE é uma instituição pública diferenciada. Além de dispor de uma maternidade de alto risco, o serviço de Neurocirurgia recebe pacientes com as mais variadas patologias do cérebro, tanto do Rio de Janeiro como de vários estados da federação.

A paciente em questão era uma jovem de 28 anos que estava na 34ª semana de gestação. Com ascendência polonesa, tinha olhos azuis intensos e sua pele branca era quase translúcida. Proveniente do interior do Paraná, trabalhava de sol a sol na lavoura de propriedade de seus pais. No terceiro mês de gravidez, apresentou uma crise convulsiva do tipo generalizada. Levada ao hospital local, a tomografia computadorizada de crânio detectou um tumor cerebral situado na região frontal. Ela informou que, há um ano, havia sido removido um melanoma da região dorsal. As pessoas de pele clara têm baixa tolerância aos raios ultravioleta (UV), e o surgimento de melanomas é a resposta biológica da pele humana à exposição aos raios solares.

A presença de tumor cerebral durante a gravidez é uma associação extremamente rara que coloca em risco tanto a vida da mãe como a do embrião e, por esse motivo, deve ser instituída uma atuação multidisciplinar para que se obtenha o melhor resultado possível. O fato de o HFSE dispor de uma maternidade de alto risco proporcionou ao serviço de neurocirurgia um acúmulo das maiores experiências mundiais no tratamento dessa rara associação: tumor cerebral e gravidez. Essa vivência me proporcionou a oportunidade de publicação de vários artigos científicos e a realização de inúmeras palestras sobre o tema, que foram apresentadas mundo afora.

Como tudo estava evoluindo bem com a gravidez e as crises convulsivas eram controladas com medicamentos, decidimos aguardar a quadragésima semana para realizar o parto. O Departamento de Obstetrícia optou por uma cesariana eletiva e, em seguida, aproveitando a mesma anestesia, efetuamos a remoção do melanoma metastático cerebral. Utilizamos, para a cirurgia, o neuronavegador, um instrumento, na época, recém-introduzido na Neurocirurgia e que permite uma precisa orientação intraoperatória, tornando os procedimentos intracranianos menos invasivos e evitando, dessa forma, lesar as áreas eloquentes do tecido cerebral.

Ambas as cirurgias foram realizadas com sucesso total. A paciente deu à luz um menino saudável e o melanoma foi extirpado completamente, sem causar nenhum dano neurológico. Obteve alta hospitalar normal, retornando, em seguida, ao Paraná.

Infelizmente, após dois anos, fomos informados de que havia desenvolvido uma recidiva tumoral cerebral difusa e acabara falecendo em razão do comportamento agressivo do melanoma metastático. Fiquei triste com desenlace, pois tinha desenvolvido uma relação afetuosa com ela e sua irmã, que a havia acompanhado durante a cirurgia aqui no Rio de Janeiro, permanecendo ao seu lado durante toda a internação hospitalar.

Alguns meses depois, fui surpreendido pela presença da irmã da paciente com um lindo bebê no colo.

– Dr. Lynch, esse é o filho da minha irmã, agora meu filho. Ela me pediu para adotá-lo no caso do seu falecimento.

E concluiu:

– Não dizem que, quando perdemos o telhado, ganhamos um céu estrelado? Eu ganhei esse anjinho!

Alguns anos após esse encontro, ela me enviou um cartão postal dizendo que tudo estava bem com ela e que o filho estava tendo um desenvolvimento normal.

Foi um maravilhoso desenlace para uma triste história.

MENINGIOMAS MÚLTIPLOS, UMA CAUSA GENÉTICA

Estudo brasileiro avança no tratamento de tumores cerebrais múltiplos. À frente de países como Suécia e Israel, a produção científica brasileira tem destaque no *ranking* internacional. Hoje, o país responde por aproximadamente 2% dos artigos publicados no mundo, segundo dados da Coordenação de Aperfeiçoamento de Pessoal de Nível Superior (Capes).

O maior estudo brasileiro sobre tratamento de tumores cerebrais múltiplos confirma essa tendência, referendando o trabalho da equipe do Serviço de Neurocirurgia do HFSE, que tive a honra de chefiar ao longo de 35 anos.

Uma mulher de 47 anos, com porte elegante e rosto delicado, porém decidido, veio me procurar dizendo que, durante o período em que morou nos EUA, surgiu um meningioma em seu cérebro. Ela fora operada pelo neurocirurgião norte-americano Dr. Eugene Stern, na época, uma das maiores autoridades do mundo em tumores cerebrais. A cirurgia correu muito bem.

Um ano depois, completamente recuperada, ela retornou ao Brasil e contou-me que era mãe de um casal de filhos e que ficara viúva alguns anos depois de seu retorno. No momento da consulta, estava com dor de cabeça e temia que o tumor houvesse recidivado.

O exame neurológico estava dentro da normalidade. Solicitei uma ressonância, que identificou um meningioma situado cinco centímetros posterior ao local de onde o tumor inicial havia sido removido três anos antes. Expliquei que o meningioma deveria ser operado, mas que não havia nenhuma pressa para realizar a cirurgia. Ela foi direta e objetiva:

— Dr. Lynch, por que esperar? Vamos fazer logo essa cirurgia, pois eu quero me livrar de uma vez por todas desse maldito tumor!

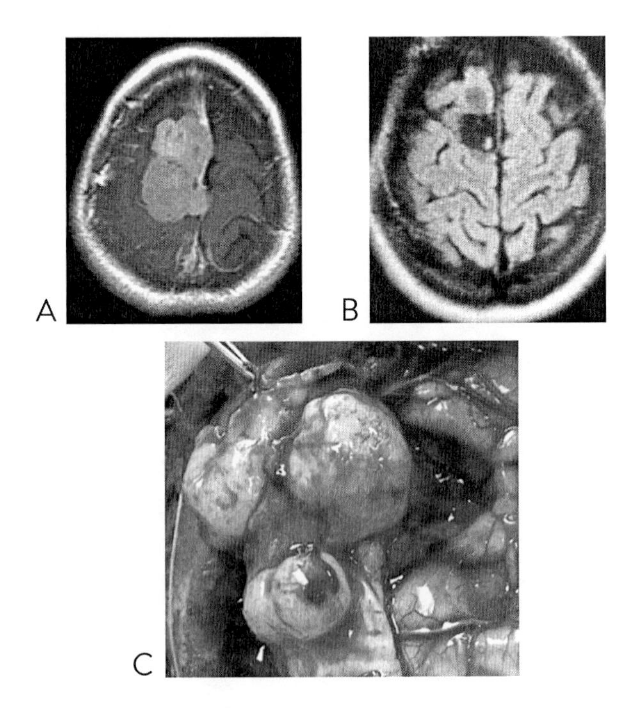

FIGURA 4. A e B) Ressonância cerebral identifica várias lesões intracranianas contíguas, formando uma imagem em forma de tubérculo (meningiomas múltiplos). C) Fotografia transoperatória revela os meningiomas múltiplos sendo removidos.

(Fonte: acervo pessoal do autor)

A cirurgia foi realizada uma semana depois. O tumor foi facilmente removido, assim como também a membrana onde o mesmo havia se originado e parte do osso frontal que se encontrava visivelmente infiltrado pela neoplasia. Essa remoção radical foi realizada com o intuito de se evitar uma nova recidiva. A evolução pós-operatória foi excelente e, mais uma vez, ela obteve alta hospitalar absolutamente sem nenhum déficit neurológico.

Após oito anos, a paciente retornou ao consultório, dizendo que estava muito preocupada pois, no local das duas cirurgias prévias, tinha notado que a pele estava muito fina e pulsava, acompanhando os batimentos cardíacos. Disse-me que estava receosa porque, se ocorresse uma queda, o seu cérebro poderia ser lesionado. Examinei o local e constatei a presença de uma cicatriz atrófica. Solicitei um parecer do Dr. Thomaz Nassif, cirurgião plástico com uma grande experiência em reconstrução de falhas de pele e rotação de retalhos cutâneos. Além de confirmar a presença da cicatriz atrófica, uma nova ressonância mostrou um outro meningioma completamente fora do local das cirurgias anteriores, implantado na foice do cérebro (uma dobra da dura-máter que divide os dois hemisférios cerebrais). Em uma reunião com a paciente e seus filhos, expliquei que ela tinha um problema genético, uma alteração localizada no gene *NF2* que provocava o aparecimento de meningiomas intracranianos múltiplos, uma condição genética rara e de difícil solução. Entretanto, também expliquei que eu acreditava que valia a pena operá-la mais uma vez e resolver os dois problemas em um único tempo. Um silêncio sepulcral envolveu a sala.

O Dr. Nassif explicou brevemente como seria o retalho cutâneo que faria para cobrir a cicatriz atrófica e como reconstituiríamos a falha óssea. A filha fez uma pergunta básica:

— Dr. Lynch, após essa terceira cirurgia, poderia aparecer um outro meningioma?

— Sim – respondi. — Sobre o aspecto genético da doença, não tenho como interferir.

A paciente interveio e disse claramente:

— Eu confio plenamente no senhor.

Depois concluiu, com um ar gaiato:

— Dr. Lynch, eu já passei mais tempo dormindo com o senhor, nas cirurgias, do que com o meu finado marido.

Gargalhadas eclodiram entre todos os presentes e tomaram completamente o quarto por alguns minutos. Só o humor salva! Rir, às vezes, é o melhor remédio.

— Quantas vezes um neurocirurgião pode reoperar um paciente? – perguntou-me o Dr. Celestino Pereira, meu assistente, quando deixamos o quarto.

— Celestino, essa é uma pergunta recorrente no meio neurocirúrgico. Einstein, perguntado sobre uma situação específica na área da física quântica, respondeu que Deus não jogava dados. Nós, neurocirurgiões, também não devemos jogar dados, mas, sim, ter uma conduta racional e lógica em relação às difíceis situações.

Vou tentar esclarecer a minha filosofia sobre o assunto: a primeira reoperação sempre deve ser tentada porque já está demonstrado claramente que essa segunda cirurgia aumenta a sobrevida dos pacientes. Em casos mais raros, de um terceiro procedimento, eu só indico se o paciente estiver bem do ponto de vista clínico e neurológico e se a doença ainda estiver localizada, assim como no caso da paciente em questão. Uma quarta operação ainda pode ser realizada, mas eu raramente a indico.

A cirurgia ocorreu como planejado: o retalho cutâneo rodado e, mais uma vez, o tumor removido completamente.

A paciente foi curada? Não.

Alguns anos depois, observamos uma dupla recidiva tumoral, com aspecto de malignidade. Optamos, desta vez, por um tratamento com radioterapia, sem cirurgia. A paciente faleceu dois anos depois. Ela teve uma sobrevida de dezoito anos.

REFERÊNCIAS

Cushing H. Meningiomas: their classification, regional behavior, life history, and surgical end results. Springfield: Charles C. Thomas, 1938. p.404-505.

Poppen JL. An atlas of neurosurgical techniques. Philadelphia: WB Saunders, 1960. p.99-105.

Londres LR. Sintomas de uma época: quando o ser humano se torna um objeto. Rio de Janeiro: Bom Texto, 2007. 256p.

CISTO CEREBRAL OCORRE COM FREQUÊNCIA EM CRIANÇAS E JOVENS

Era um menino de dez anos de idade na época em que o examinei. Ele veio ao meu consultório indicado por uma pediatra e acompanhado por sua mãe, que se encontrava muito tensa e preocupada e que me revelou a seguinte história: "Meu filho nunca gostou de futebol, mas é um ótimo aluno, só tira nota dez. No último ano, ele começou a se queixar de dor de cabeça, e também observamos uma falta de equilíbrio. Ocorreram várias quedas ao solo e também visão dupla".

A ressonância cerebral identificou hidrocefalia e um grande cisto comprimindo o cerebelo, responsável pelo equilíbrio do corpo humano e pela coordenação motora.

Sua mãe informou que já tinha consultado um outro neurocirurgião, que havia colocado um dreno cirúrgico para controlar a hidrocefalia (acúmulo do liquor no interior do cérebro). O médico informara que, se alguém tentasse operar o cisto, com certeza, ele iria morrer. A mãe afirmou, entretanto, que, desde a implantação do dreno, o filho só piorava.

O exame neurológico do pequeno paciente revelava que ele estava lúcido, orientado e com uma habilidade intelectual acima da sua idade biológica. Tinha estrabismo convergente (quando ambos os olhos se desviam para dentro e se mantêm fixos, olhando para ponta do seu próprio nariz) e apresentava ataxia, que é a impossibilidade de andar em linha reta, como se estivesse embriagado.

Expliquei à mãe que a lesão era uma formação cística benigna constituída apenas por membranas muito finas e que, em decorrência de uma alteração genética, se formara um cisto contendo, no seu interior, o liquor – um líquido que normalmente circula no interior e na superfície do cérebro. Essa lesão é chamada de cisto aracnoide, uma alteração genética que se forma e aprisiona, no seu interior, o liquor, que, em vez circular, fica retido dentro do cisto e lentamente se expande. A lesão precisa ser aberta, drenada e ter suas paredes removidas para descomprimir o cerebelo e liberar a circulação liquórica,

— Dr. Lynch, essa cirurgia é muito ariscada? – perguntou a mãe.

Respondi que o risco existia, mas que estava confiante no sucesso do procedimento.

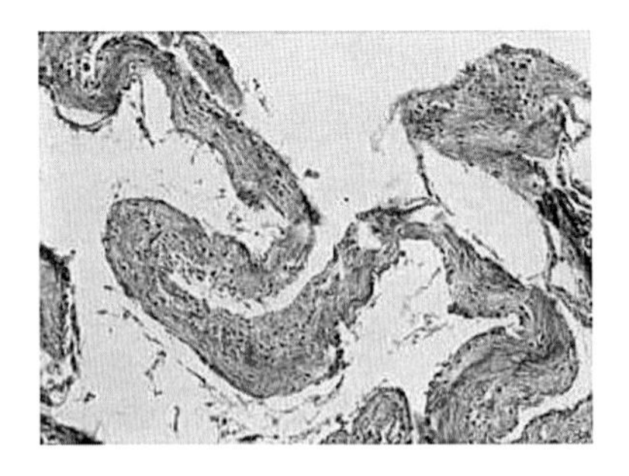

FIGURA 5. Fragmento da parede do cisto revela que a lesão era um cisto epitelial benigno.

(Fonte: acervo pessoal do autor)

Como a lesão se encontrava na porção posterior da cabeça, decidi que a melhor posição para realizar a cirurgia seria colocar o paciente sentado e reclinado, como se ele estivesse deitado em uma espreguiçadeira de piscina. Essa posição permitiria que eu tivesse acesso ao cisto de forma direta, sem nenhuma obstrução da visão. O cisto foi exposto, e sua cor azulada imediatamente identificada. A sua parede fina, que foi seccionada com a tesoura de microcirurgia e removida da forma mais ampla possível, propiciou a imediata descompressão das estruturas cerebrais e desobstruiu o fluxo liquórico. O paciente evoluiu muito bem e obteve alta hospitalar no terceiro dia após a cirurgia, revelando uma nítida melhora da marcha e do estrabismo. Acompanhei-o por mais de um ano, por meio de visitas regulares ao meu consultório. Ele recuperou completamente o equilíbrio. Em sua última consulta, a mãe me informou que a família estava de partida para Rondônia, pois o pai, engenheiro, iria participar da construção de uma usina. Ela, então, perguntou:

— O senhor acha que tem algum perigo irmos para Rondônia?

Eu não soube responder.

Um ano depois, recebi uma carta, escrita com uma letrinha infantil, dizendo que estava gostando da nova escola e que fazia parte do coral de crianças "Os Uirapurus", mas que o melhor de tudo era que em Porto Velho não tinha assaltantes e a vida era muito mais tranquila do que no Rio de Janeiro. Meses depois, ganhei um presente escolhido por ele: uma cabeça de índio esculpida em uma madeira clara, bem simbólico. Guardo, com todo o carinho, tanto a carta como a escultura.

O neurocirurgião que havia afirmado que, se ele operasse o cisto, morreria, nunca mais falou comigo. A arrogância é um defeito grave e, infelizmente, frequente entre os cirurgiões incapazes de reconhecer as suas limitações, provocando muito sofrimento para si próprios e para os seus pacientes. Essa arrogância pode levar a catástrofes médicas e ser a fonte de intermináveis processos por erros médicos.

Ganhei um inimigo na profissão, mas valeu a pena pelo menino.

CRANIOFARINGEOMA, AGONIA E ÊXTASE

O craniofaringeoma é um tumor cerebral que afeta principalmente crianças, com um pico de incidência na faixa etária de 5 a 14 anos. Localiza-se no feixe infundíbulo-hipofisário e é um tumor benigno. Contudo, por aderir fortemente às vias óticas e ao hipotálamo, o paciente, após a cirurgia, pode desenvolver significativos déficits. O tratamento dos craniofaringeomas é um dos tópicos mais controversos da neurocirurgia. A questão que se coloca é: deve o neurocirurgião tentar a remoção completa do tumor que pode curar o paciente, mas em compensação provocar um déficit neurológico grave; ou a remoção deve se limitar apenas a uma descompressão limitada das vias óticas, mas sabendo que o tumor irá recidivar no futuro?

Dra. Fabiana Policarpo, dedicada residente do quinto ano em Neurocirurgia no Hospital Federal dos Servidores do Estado, apresentou-nos, na sessão semanal do nosso serviço, dois pacientes que, coincidentemente, foram internados na mesma semana no Serviço de Pediatria e com exatamente o mesmo diagnóstico: tumor suprasselar com perda progressiva da visão.

A sela túrcica é uma estrutura óssea maciça, em forma de concha, localizada na base do crânio e que contém, no seu interior, a glândula hipófise, responsável pela produção de vários hormônios fundamentais para a manutenção da vida.

Justamente acima da sela túrcica repousam os dois nervos ópticos e o quiasma óptico, estruturas neuronais responsáveis por enviar, aos lobos occipitais, os sinais elétricos, que, após serem captados pelo córtex visual, são decodificados como a nossa visão. O funcionamento da visão é extremamente complexo. É apaixonante estudá-lo e compreendê-lo.

Um dos principais sintomas decorrentes do crescimento de um tumor localizado nessa região é o comprometimento da visão. À medida que o tumor se expande, ele comprime os nervos ópticos e/ou o quiasma, provocando um variado grau de perda visual, podendo resultar, até mesmo, em uma cegueira completa.

O tipo de tumor mais frequente da infância é o denominado craniofaringeoma, um tumor benigno localizado na região suprasselar. Em virtude de sua profunda localização no cérebro e das aderências às estruturas vitais para a manutenção da vida, a melhor forma de tratá-lo ainda divide os especialistas.

Desde o início de minha carreira médica, desenvolvi um grande interesse pelos craniofaringeomas. Após muitos anos de estudo e reflexão, concluí que o melhor tratamento é ressecá-los totalmente, porém sem causar dano às estruturas cerebrais adjacentes.

Outros neurocirurgiões acreditam que realizar apenas uma biopsia é a melhor forma de tratá-los, por ser mas segura, porém correndo-se o risco da recidiva tumoral.

PACIENTE 1

Com sete anos de idade, uma menina muito viva e esperta foi trazida pelos pais, que observaram que ela vinha esbarrando repetidamente nos móveis da casa. A ressonância revelou um tumor suprasselar com expansão para o lado direito, com compressão do nervo óptico. Realizamos a cirurgia pelo lado direito do crânio, utilizando o acesso denominado pterional. Após a abertura óssea, chegamos diretamente no tumor, que foi identificado, dissecado e removido em pequenos fragmentos.

Não havia invasão do parênquima cerebral, o que facilitou muito a remoção completa da lesão. A paciente evoluiu muito bem no pós-operatório e obteve alta sem nenhum déficit. Eu e toda a equipe de pediatras e neurocirurgiões ficamos muito felizes com a excelente resolução do caso.

PACIENTE 2

Um menino com sobrepeso, já indicando uma possível disfunção da hipófise, torcia, como seu pai, pelo Vasco. Vinha se queixando que estava difícil acompanhar o futebol pela televisão. Seus pais, muito presentes, acompanhavam todos os exames que eram realizados. A ressonância revelou a presença de um tumor sólido na região suprasselar, com compressão do quiasma e ambos os nervos ópticos. Depois de muita conversa com a família e os médicos pediatras, finalmente decidimos que a cirurgia seria a melhor opção. Se a remoção tumoral seria total ou parcial, nós decidiríamos somente na hora da cirurgia. Iniciei o procedimento de forma semelhante ao da menina. O microscópio cirúrgico foi trazido ao campo "de batalha" e a cirurgia foi realizada com aumento de dezesseis vezes. Observamos que o tumor penetrava o tecido cerebral; esse local específico do cérebro é denominado hipotálamo.

O hipotálamo é a região que, dentre outras funções, envia aos rins sinais elétricos e hormonais que irão controlar a quantidade de urina que o órgão produz e elimina.

Em razão do comportamento invasivo da lesão e apesar de toda a nossa ciência e arte, apenas conseguimos realizar uma remoção subtotal do tumor, basicamente o suficiente para descomprimir os nervos ópticos e impedir que o caso evoluísse para uma cegueira irreversível. Fiquei muito frustrado com a pouca resolução do procedimento cirúrgico que realizei. O pequeno paciente não estava curado! Eu sabia que o tumor, cedo ou tarde, retornaria, apesar do tratamento com radioterapia, que seria instituído no pós-operatório. Como previmos, ele desenvolveu um distúrbio do volume urinário grave e de difícil controle, chamado de diabetes *insipidus*, que o debilitou muito. Ocorreu recidiva tumoral e ele veio a falecer três anos após a cirurgia. Poucos dias antes do óbito, entrei na enfermaria pediátrica, onde ele estava, para lhe dar um beijo. Muito debilitado, ele olhou para mim e disse:

— Tio, eu estou cansado de sofrer!

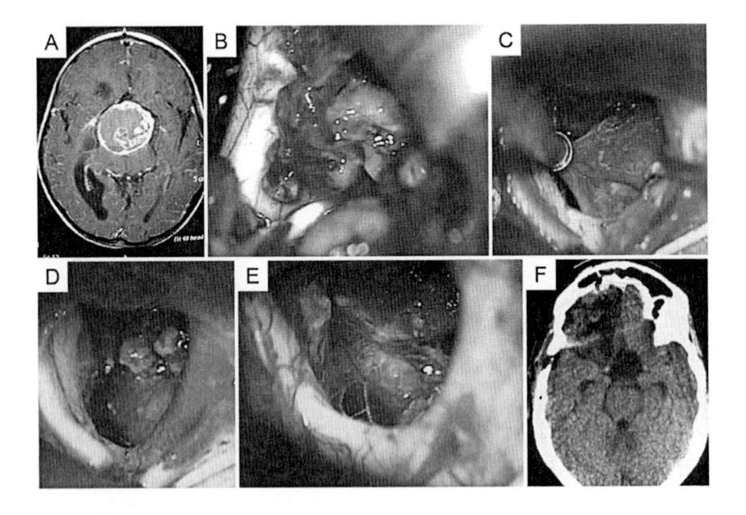

FIGURA 6. A) Ressonância cerebral visualiza um craniofaringeoma. O tumor é a imagem redonda no centro da fotografia. B) Fotografia obtida através do microscópio cirúrgico mostra a remoção da porção gelatinosa do tumor. C) Dissecção da cápsula tumoral. D) Dissecção de pequenas calcificações. E) O tumor foi completamente removido. F) Tomografia pós-operatória confirma a remoção completa da lesão.

(Fonte: acervo pessoal do autor)

Após a sua morte, o pai me procurou e, no corredor do hospital, me abraçou forte. Chorando muito, agradeceu a tentativa que todos os médicos fizeram para salvar a vida do seu querido filho. Quando me lembro dele, que tinha a mesma idade e era fisicamente muito parecido com o meu filho mais velho, e do sofrimento do seu pai, eu sofro em silêncio, sozinho. O fato de ter salvado a vida da menina foi uma maravilha, sem dúvida nenhuma, mas, para mim, não apaga a lembrança do mau resultado com o menino.

REFERÊNCIAS

Yaşargil MG, Curcic M, Kis M, Siegenthaler G, Teddy PJ, Roth P. Total removal of craniophayngiomas. Approaches and long-term results in 144 patients. J Neurosurg 1990;73:311.

Hoffman HJ, De Silva M, Humphreys RP, Drake JM, Smith ML, Blaser SI. Aggressive surgical management of craniopharyngiomas in children. J Neurosurg 1992;76:4752.

PARAGANGLIOMA, UM RARO TUMOR

O paraganglioma é um raro tumor benigno de origem embrionária, localizado majoritariamente nas glândulas suprarrenais. Um dia, Dr. Moacyr Punk, clínico com larga experiência, me ligou e disse:

— Lynch, venho acompanhando, há vários anos, uma paciente de 52 anos, que, há oito, começou a apresentar uma dor lombar. Identificamos uma massa na glândula suprarrenal, com disseminação para a artéria hepática e para a veia cava - um quadro gravíssimo. Contudo, decidimos operá-la. O Dr. Ribamar realizou uma resseção alargada do tumor. Na época, a paciente fez dois ciclos de quimioterapia. Vinha evoluindo bem, quando começou a sentir dor e desconforto na região dorsal. Estudos de imagem detectaram volumosa lesão, com destruição parcial da sexta vértebra torácica e com o tumor dentro do canal vertebral encostando na medula torácica. Gostaria da sua avaliação.

— Estou à sua disposição - respondi.

A paciente me procurou no dia seguinte, acompanhada pelo marido, sempre muito atencioso e solidário. Ela confirmou que estava sentindo uma dor intensa e constante na região torácica, acompanhada de desconforto. O exame neurológico estava completamente dentro da normalidade, apesar do volumoso tumor que apresentava.

Expliquei a necessidade da cirurgia, pois, se a lesão não fosse removida, continuaria a crescer e indubitavelmente comprimiria a medula provocando uma paralisia de ambas as pernas. Ela e seu marido entenderam as explicações e ficaram conscientes dos riscos. A cirurgia transcorreu muito bem, apesar de um intenso sangramento que deu muito trabalho para ser controlado.

Foi feita a remoção total da lesão e o canal medular ficou completamente descomprimido. A paciente retornou às suas atividades familiares prévias sem nenhum déficit neurológico.

Cinco anos depois, voltou a me procurar, dizendo que, ao levantar peso, mesmo que leve, sentia uma pressão e uma dor na coluna lombar. E completou:

— Minha filha está grávida e esse será o meu primeiro neto. Preciso muito segurá-lo no colo, pois essa é uma função insubstituível da avó, mas tenho receio de não conseguir em decorrência do desconforto que sinto quando eu estou de pé e levanto um peso.

Nunca, em toda a minha vida médica, eu tinha ouvido relato semelhante. No entanto, como sempre levo a sério as queixas e observações dos meus pacientes, mesmo as mais inusitadas, falei:

— *OK*, vamos então fazer uma ressonância da coluna lombar.

O resultado da ressonância foi desanimador: duas vértebras lombares completamente destruídas pelo câncer que se negava a abandonar a corajosa paciente.

Expliquei que seria uma cirurgia muito extensa, complexa e trabalhosa, e que, além de removermos novamente o tumor, teríamos de reconstruir as duas vértebras da sua coluna lombar com placas, gaiolas, parafusos, cimento ósseo e osso. Seria uma cirurgia de risco elevado e que não iria curá-la, apenas traria um alívio para a dor e para o desconforto e evitaria também uma possível paralisia das pernas.

Ela, sentada na minha frente, respirou profundamente, olhou fixamente nos meus olhos disse:

— Dr. Lynch, se eu puder segurar no colo meu neto, nem que seja uma única vez, já terá valido a pena passar por mais essa cirurgia.

Como não atuava em cirurgias que necessitassem de complexas reconstruções e estabilização de coluna vertebral, convoquei um colega, especialista na área, para conduzir a cirurgia. Fui seu assistente.

Após treze horas de um difícil procedimento cirúrgico, foi possível remover a quase totalidade da massa tumoral e reconstituir de forma perfeita as vértebras destruídas pela invasão tumoral.

Apesar da longa e trabalhosa cirurgia, a paciente portou-se excepcionalmente bem, obteve alta uma semana depois do procedimento e pôde segurar seu neto no colo por várias vezes.

Infelizmente, dezoito anos após o início da sua doença, o paraganglioma - nome científico desse raríssimo tumor - manifestou-se novamente, no fígado. A brava paciente, desta vez, não resistiu e perdeu a batalha pela vida. Todavia, levou consigo a lembrança do neto no seu colo.

ASTROCITOMA, UM TUMOR ORIGINADO DO TECIDO CEREBRAL

O astrocitoma é um tumor originado de uma específica célula cerebral denominada astrócito, que é responsável pela nutrição dos neurônios.

Uma paciente de 34 anos, moradora de Volta Redonda, RJ, veio ao meu consultório, encaminhada por um neurologista, dizendo que havia sido submetida a uma biópsia de um tumor cerebral há aproximadamente um ano. O resultado da biópsia mostrava um tumor benigno. Foi informada de que não necessitaria de mais nenhum tratamento adjuvante.

Ela ficou insegura com essa informação e realizou, por conta própria, uma ressonância, que revelou a existência de um grande tumor localizado no lobo temporal esquerdo.

Na ocasião, trabalhava em um banco estatal e uma de suas funções era atender o público. Vinha observando uma progressiva dificuldade de falar corretamente algumas palavras. Também era destra, e essa era uma informação importante porque, na maioria dos indivíduos destros, o hemisfério cerebral dominante é o esquerdo, que é responsável pela linguagem. A linguagem é uma função cerebral importantíssima, considerada fundamental na evolução da espécie humana. Os neurônios responsáveis pela função da linguagem localizam-se preferencialmente no lobo temporal esquerdo, onde o tumor da paciente estava caprichosamente situado. Expliquei para ela e sua irmã, que a acompanhava, a complexidade da situação em que nos encontrávamos. O tumor tinha que ser removido, porém não poderíamos comprometer a linguagem, porque a afasia – impossibilidade de se expressar através da fala – é uma sequela gravíssima. Solicitei uma ressonância funcional, que poderia nos informar um pouco melhor a respeito da relação entre o tumor e a área funcional da fala. Afirmei que seria possível remover a maior parte da lesão sem afetar a linguagem, pois, utilizando-se o aumento máximo do microscópio, é possível identificar o plano seguro que separa o tumor do tecido cerebral normal e preservá-lo.

Ela me contou que adorava música clássica e perguntou se eu conhecia a orquestra Saint Martin in The Fields e seu regente, Sir Neville Marriner.

— Sim, conheço algumas gravações deles – respondi. — É uma orquestra esplêndida! Gosto muito da interpretação do concerto nº 5 de Beethoven.

— Pois eu vou lhe presentear com uma caixa de CDs com a gravação de todos os concertos de Beethoven. Porém, só depois da operação, pois assim o senhor vai caprichar na cirurgia! Se eu morrer, não recebe, *OK*?

— *OK* – respondi com um sorriso fraterno.

A CIRURGIA

A seguir, apresento a transcrição literal da cirurgia da paciente que se encontra no seu prontuário médico.

"Após intubação orotraqueal e anestesia venosa, a paciente foi colocada em decúbito semilateral com a cabeça rodada para a direita, mantida paralela ao solo, fixada no suporte de cabeça de Gardner. A monitorização consistiu em pressão arterial média, oxímetro de pulso, capnografia, pressão venosa, sonda nasogástrica e sonda vesical. Todo esse cuidado é extremamente importante, não apenas para manter a vida da paciente durante a cirurgia, como também para diminuir a possibilidade de que o procedimento provoque algum tipo de sequela neurológica".

A descrição apresentada a seguir, é para aqueles leitores curiosos que gostam de saber os detalhes de como os neurocirurgiões realizam as suas complexas cirurgias.

"O lado direito foi lavado com um sabão iodado por cinco minutos. Os campos estéreis foram colocados. Foi realizada incisão em forma de arco, iniciando no zigoma, anterior 2 cm ao tragus, ascendendo até a linha temporal superior e retornando posteriormente. Foi efetuada hemostasia com pinças hemostáticas, agrupadas em quatro e fixadas com elásticos. O *flap*, fletido inferiormente, revelou o músculo e a fáscia temporal, que, após coagulação com a pinça bipolar, foram seccionados e descolados inferiormente. Esse local é exatamente na frente da orelha.

O microscópio cirúrgico foi trazido ao campo de operação. O restante da cirurgia foi completado com aumento que variou de 10 a 20 vezes. Utilizando o bisturi lâmina 15 e tesoura Metzembaum, a dura-máter foi seccionada e fletida inferiormente. Observamos que o córtex cerebral que se situava sobre a lesão estava muito fino.

Empregando-se a coagulação bipolar sobre irrigação, dissector de Malis e aspirador controlado, o córtex cerebral foi progressivamente sendo seccionado. Encontramos o tumor a 0,5 cm da superfície cerebral, localizado nos giros temporais inferior e médio.

Deparamo-nos com uma cavidade repleta com um líquido amarelo. No interior da cavidade, observamos um tecido de cor vinhosa, de consistência firme e com inúmeros vasos reformados.

Esse tecido patológico foi progressivamente removido com o auxílio da pinça bipolar sob contínua irrigação, do aspirador controlado, da pinça de Rhoton e de dissectores de micro. Observamos uma área com um tecido amarelo, firme, sem proliferação vascular. O espaço criado pelo crescimento do tumor e sua subsequente remoção criou um corredor que permitiu a ressecção da lesão na porção profunda da exposição. A massa tumoral foi removida nos quatro quadrantes da cavidade, até que nos deparamos com tecido cerebral edemaciado, porém aparentemente sem tumor, e finalmente observamos tecido cerebral normal, com a sua característica cor branca. Toda a exposição lavada com soro não revelou nenhum sangramento. A cavidade foi forrada com tecido hemostático. O cérebro encontrava-se sem nenhuma tensão e com boa pulsação, o que permitiu que a dura-máter fosse suturada sem tensão, com pontos corridos e coberta com cola biológica.

A musculatura temporal foi colocada no seu leito e suturada inferior e anteriormente. Finalmente, a gálea foi suturada com pontos invertidos e a pele, com nylon 3.0. O *flap* ósseo foi recolocado no seu leito e fixado com miniplacas. Curativo aplicado.

EVOLUÇÃO PÓS-OPERATÓRIA

A paciente acordou na sala cirúrgica sem nenhum déficit motor. Permaneceu 24 horas no CTI e, em seguida, foi transferida para o seu quarto. Observamos disfasia nominal, que melhorou progressivamente nos dias subsequentes.

Ela voltou por três vezes ao consultório para fazer o acompanhamento rotineiro. Na segunda visita, revelou que a sua fala estava praticamente normal. E completou:

— Dr. Lynch, o senhor sabia que tenho uma filha de quinze anos? Eu preciso viver até ela se formar na faculdade. Pode me garantir isso?

— Garanto – falei com convicção.

— Enquanto espero por sua formatura, o senhor pode ir ouvindo com calma esses maravilhosos nove concertos de Beethoven gravados pela orquestra Saint Martin in The

Fields – disse ela, entregando uma coleção completa dos concertos.

Ouço, com frequência, os CDs, maravilhoso presente.

A paciente foi reoperada após oito anos em razão de uma nova recidiva tumoral, porém, infelizmente, desta feita o tumor era uma lesão francamente maligna. Completou o ciclo de quimioterapia e radioterapia. Conseguiu assistir à colação de grau em Letras da sua querida filha e faleceu seis meses depois.

Cumpri a minha promessa e ela também.

TUMOR DO TRONCO CEREBRAL, NÚCLEO DA VIDA

Um rapaz, de dezoito anos de idade, veio ao meu consultório acompanhado pelo pai. Revelou que, há aproximadamente um ano, vinha sentindo dores de cabeça e que, nos últimos dois meses, as dores se tornaram excruciantes. Disse que, a cada passo que dava, sentia uma forte pontada na região posterior da cabeça e que também vinha apresentando instabilidade ao andar. Procurou um neurologista, que o encaminhou para que eu o avaliasse. A ressonância mostrava um volumoso tumor localizado no tronco cerebral e projetado posteriormente, comprimindo o cerebelo, que se encontrava muito elevado e completamente fora da sua posição anatômica.

O tronco cerebral é o segmento do encéfalo fundamental para a manutenção da vida. Está localizado na porção mais posterior do cérebro e é responsável pelos batimentos cardíacos, pela respiração e pela deglutição. Por ele, transitam os numerosos feixes nervosos que levam os impulsos elétricos do cérebro para os braços e as pernas e que são responsáveis pela motricidade e sensibilidade. Posso afirmar, sem erro, que o tronco cerebral é núcleo da vida.

Os tumores do tronco podem ser difusos, envolvendo completamente o tronco cerebral; para esses casos, a cirurgia não é indicada, e a única opção é um tratamento paliativo com radioterapia.

O tumor do meu paciente originava-se do tronco cerebral e se projetava majoritariamente para fora do tronco – esse tipo de tumor é denominado exofítico. Nesses casos, a cirurgia pode ser tentada, porém com um certo risco de morte ou de sequelas neurológicas.

A difícil decisão que surge para o neurocirurgião quando ele enfrenta esse tipo de tumor envolve duas opções:

- remover o tumor completamente e obter a cura do paciente, mesmo correndo o risco de alguma sequela neurológica ou até mesmo a morte;
- realizar uma remoção parcial que não cura o paciente, sabendo que a sobrevida será mais curta e ocorrerá recidiva tumoral.

Podemos afirmar que esse é um verdadeiro *doctor's dilemma*. Na véspera da cirurgia, eu ainda não havia me decidido sobre qual estratégia seria mais adequada, o que me provocou uma grande angústia e preocupação.

A CIRURGIA

Após a anestesia geral, o paciente foi colocado na posição semissentada, com a cabeça fixada pelo suporte de cabeça do tipo Gardner, que é um alo de alumínio ou de fibra de carbono que mantém a cabeça na posição mais conveniente para a cirurgia. A posição semissentada possui inúmeras vantagens, e a principal delas é que o cirurgião usa a força da gravidade a seu favor.

Após a incisão da pele e dos planos musculares do pescoço, o osso suboccipital despontou. Empregando uma broca de alta rotação, abrimos um pequeno acesso na linha média do occipital, expondo a dura-máter.

A dura-máter, de cor azulada, é a membrana que envolve o cérebro. Em seguida, ela foi seccionada com uma tesoura muito delicada de titânio, expondo imediatamente a lesão.

O microscópio foi trazido ao campo cirúrgico e, empregando um aumento de dezesseis vezes, pudemos observar os detalhes das características do tumor: a cor era rósea, com uma miríade de pequenos capilares que nutriam a massa tumoral. Iniciamos a remoção tumoral ocluindo os capilares que nutriam de sangue a lesão. Fomos progressivamente ocluindo os vasos nutridores até não haver mais nenhum sangramento. Pudemos avançar para a etapa seguinte – a mais difícil e perigosa –, que constava em dissecar o tumor do tronco cerebral e removê-lo. Isso foi feito com extremo cuidado e precisão, identificando-se a superfície entre o tumor e o delicado tecido do tronco cerebral. Por fim, conseguimos ressecar todo o tumor, preservando completamente o tronco cerebral. O paciente acordou na sala de cirurgia e foi transferido para o CTI lúcido, sem nenhum déficit neurológico. Antes da alta, eu disse com convicção que ele estava curado e que não iria precisar de quimioterapia ou de radioterapia, mas que deveria ser acompanhado, fazendo visitas regulares ao consultório e repetindo as ressonâncias, inicialmente a cada seis meses e, depois, anualmente.

Em uma das consultas de rotina, ele me perguntou se o seu tumor poderia ter surgido em decorrência de um trauma psicológico.

— Acho que não – respondi.

Em seguida, me explicou que a sua mãe havia abandonado a família quando ele tinha um ano de idade e que, desde então, ela nunca mais o vira ou pedira notícias dele. Havia sido criado pelos os avós, que ainda estavam vivos.

— Descobri que ela mora em Miami – ele disse.

Em seguida, perguntou:

— O senhor acha que devo procurá-la?

Fique impactado com a informação e a súbita pergunta. Não respondi. Fiquei calado, não sabia o que dizer!

Dois anos se passaram até que ele retornou à consulta com uma nova ressonância, mostrando que o tumor havia sido completamente removido. Não havia recidiva tumoral. Eu fiquei extremamente feliz e o parabenizei pela ótima evolução.

— Dr. Lynch, descobri onde a minha mãe mora. Tomei coragem e fui procurá-la. O senhor sabe o que ocorreu? Ela não quis conversar comigo, mas eu consegui dizer: "Por que você não me amou? Por que me abandonou? Eu era só um bebê!". Ela respondeu que eu tinha herdado metade dos genes do meu pai e que, por isso, não me levou junto quando foi embora de casa. Disse que o meu pai é uma pessoa insuportável e um agressor violento, e concluiu dizendo que tinha uma nova família, que o atual marido nunca soube que ela tivera outro filho e simplesmente pediu para que eu nunca mais a procurasse!

Apesar do enorme sofrimento imposto pela vida, ele aparentemente deu a volta por cima: conseguiu concluir os estudos e se formar, casou-se e está trabalhando em uma companhia de seguros. Felizmente, curado do seu grave tumor.

SÍNDROME DE TOURETTE E ANEURISMA

Síndrome é o estado mórbido caracterizado por um conjunto de sinais e sintomas clínicos que podem ser produzidos por mais de uma causa.

A síndrome de Tourette é um distúrbio neuropsiquiátrico caracterizado por tiques motores que incluem piscar, franzir a testa, contrair os músculos da face, balançar a cabeça, contrair os músculos abdominais ou outros grupos musculares em trancos e efetuar vocalizações de termos obscenos ou afirmações depreciativas e socialmente impróprias. Esses tiques pioram com o estresse e podem estar associados a sintomas obsessivo-compulsivos. Sua causa ainda é desconhecida.

Já o aneurisma cerebral é uma dilatação usualmente progressiva de uma artéria, que pode se romper e, consequentemente, causar um sangramento cerebral catastrófico, impactando a vida do paciente.

Um professor de matemática de uma conceituada universidade, aos 47 anos, veio ao meu consultório trazido por sua esposa. Ele não conseguia ficar quieto na cadeira e a todo o momento contraía os músculos das pálpebras, fazia uma rotação forçada da cabeça e cuspia no chão automaticamente.

A esposa falou que esses movimentos anormais haviam se acentuado nos últimos meses e, por causa disso, ele estava afastado de suas atividades docentes na faculdade em que era professor.

Sua angiografia cerebral claramente mostrava um aneurisma gigante da artéria carótida. Ele olhou para mim fixamente, levantou-se subitamente da cadeira em que se encontrava sentado, bateu com força as mãos no tampo da minha mesa e vociferou:

— Se o senhor está pensando que vai me operar, está redondamente enganado. Na minha cabeça, ninguém vai botar as mãos!

Em seguida, virou as costas para mim e foi embora do consultório. A esposa ficou estupefata!

— Dr. Lynch, o senhor me desculpe, ele está insuportável. Outro dia, o flagrei na cozinha olhando fixamente o liquidificador que estava sobre a mesa. Ele me disse: "Às vezes, tenho vontade de enfiar a mão dentro do liquidificador ligado para ver se consigo me livrar dessa agonia interior". Pedi que, por favor, não fizesse aquilo, pois seria uma tragédia irremediável. Estou pensando até em me separar, não aguento mais!

Expliquei para ela:

— Esse comportamento faz parte da doença que o acomete, chamada síndrome de Tourette. No momento, está exacerbada pelo estresse emocional da possível cirurgia do aneurisma, que ele terá de fazer cedo ou tarde. Se o aneurisma, que é do tipo gigante, se romper, ele poderá morrer subitamente. Tente convencê-lo de retornar à consulta.

Na semana seguinte, ele retornou à consulta sozinho, porém mais calmo e controlado. Estava fazendo uso de medicamentos antipsicóticos e, então, eu pude explicar o que era um aneurisma cerebral e o risco que ele corria se o aneurisma se rompesse. Falei claramente que a cirurgia não era isenta de riscos, que poderia haver sequelas neurológicas ou até mesmo o óbito. Informei que eu e minha equipe de Neurocirurgia tínhamos uma grande experiência no tratamento de aneurismas cerebrais e que havíamos operado mais de setecentos pacientes. E que estávamos confiantes.

— *OK*, pode marcar a cirurgia - ele disse.

DESCRIÇÃO CIRÚRGICA

Após a anestesia venosa geral e a intubação orotraqueal, realizamos a abertura do crânio. O cérebro estava sem tensão, com bom batimento, e não havia sinais de hemorragia. O microscópio cirúrgico foi trazido ao campo e, utilizando magnificação de dezesseis vezes, a cirurgia prosseguiu. A fissura de Sylvius era ampla. Utilizando a tesoura microcirúrgica, foi aberta a aracnoide, membrana translúcida que envolve os vasos sanguíneos cerebrais, revelando a artéria carótida. Em seguida, identificamos o colo proximal do aneurisma. A colocação de dois clipes retos ocluiu completamente a entrada de sangue para o interior do aneurisma. Respeitando a luz da artéria carótida e sem haver qualquer injúria ao nervo óptico, ele estava curado e com sua visão preservada.

EVOLUÇÃO

O paciente acordou na sala cirúrgica e foi transferido para o CTI. Obteve alta hospitalar cinco dias após a cirurgia.

Depois, ele me contou que a sua síndrome de Tourette começou após ter presenciado um forte temporal que o assustou muito.

— Dr. Lynch, pensei que morreria soterrado!

E continuou, contando-me o seguinte:

— Sempre respeitei as forças da natureza, como os fortes temporais acompanhados de raios, que acontecem frequentemente no verão no Rio de Janeiro. Já presenciei dúzias dessas tormentas, porém uma delas, que observei da janela do meu quarto, me apavorou. Era uma quantidade gigantesca de água que caía sem parar do céu. As nuvens, escuras e densas, cobriam completamente o Cristo. As nuvens estavam tão baixas que davam a impressão de que eu poderia tocá-las com as mãos. O barulho que acompanhava a cachoeira violenta que se formou e descia por uma escada de concreto ao lado do meu prédio era ensurdecedor. Morri de medo e entrei em pânico, imaginando que, se houvesse um desmoronamento da encosta que existia ao lado do meu prédio, o deslizamento me soterraria. A imagem de ficar soterrado por horas ou mesmo por dias em um lugar escuro, até que o socorro chegasse para me resgatar, me desesperava. Como poderia suportar ficar no escuro, sem poder me mexer, sem saber o que estava acontecendo? Não conseguia parar de tremer! Foi assim que começou a minha doença. Um forte abalo psicológico. Com certeza, no meu caso, foi a causa da minha Tourette – completou.

Hoje, especula-se que a síndrome tenha uma causa autoimune.

A recuperação do paciente foi boa, porém, ele não retornou ao seu cargo anterior como professor universitário.

Anos depois, desenvolveu um câncer de pulmão e veio a falecer dessa neoplasia.

O TRATAMENTO ENDOVASCULAR

Recentemente, o tratamento dos aneurismas cerebrais sofreu uma mudança radical: ao invés de se realizar uma craniotomia (abertura do crânio) e, em seguida, dissecar o cérebro até encontrar o aneurisma e ocluí-lo com um clipe, hoje, na maioria das vezes, emprega-se uma técnica minimamente invasiva, denominada de tratamento endovascular, que consiste em ocluir o aneurisma utilizando um cateter que é introduzido na artéria femoral, na região inguinal. Esse cateter é conduzido pelo radiologista até onde se localiza o aneurisma e, em seguida, deposita-se no interior do saco aneurismático pequenas molas com o objetivo de ocluí-lo e impedir que ele, no futuro, se rompa e provoque uma hemorragia cerebral, que é sempre muito grave.

CORDOMA

Existe uma região no crânio que é extremamente difícil de ser acessada cirurgicamente, denominada ângulo pontocerebelar. Na frente, existe uma parede óssea rochosa denominada rochedo ou osso petroso. Atrás dessa estrutura, está o tronco cerebral, um segmento do sistema nervoso central muito delicado e extremamente sensível a manipulações cirúrgicas. O tronco cerebral é responsável por inúmeras funções importantíssimas do corpo humano, portanto, qualquer lesão pode ter consequências catastróficas para o paciente.

Do osso petroso, pode surgir um tipo de tumor extremamente raro e de difícil cura, denominado cordoma. De origem congênita, esse tumor não responde ao tratamento com radioterapia nem a qualquer tipo de quimioterapia; o único tratamento eficaz é sua remoção completa. Em razão de sua raridade, sua peculiar localização e seu difícil tratamento, poucos neurocirurgiões no mundo têm experiência em tratá-lo.

Um garoto de sete anos de idade veio ao consultório acompanhado pelos seus pais, que obviamente estavam extremante preocupados com a doença da criança.

Assim que examinei as imagens, logo reconheci que a lesão era um cordoma, que já havia destruído parcialmente o osso petroso e se expandia anteriormente, invadindo a fossa temporal. Ele queixava-se apenas de esporádicas dores de cabeça e apresentava uma leve assimetria facial; o restante do exame neurológico se encontrava normal.

Diante do quadro raro e de difícil resolução e associado à minha pouca experiência com o tratamento dos cordomas, sugeri aos pais que a criança fosse operada pelo Dr. Al-Mefty, nos Estados Unidos. Originário da Síria, Dr. Al-Mefty realizou sua residência em Neurocirurgia nos EUA. É autor de novas técnicas cirúrgicas e líder mundial na chamada cirurgia da base do crânio. Muito solícito, está sempre disponível para trocar informações da sua área com outros colegas.

Pedi licença aos pais do menino para encaminhar os exames ao Dr. Al-Mefty, para que ele pudesse dar uma opinião mais abalizada sobre o caso. Solicitei também um orçamento para a cirurgia.

Em resposta, ele me sugeriu que a remoção tumoral fosse realizada pelo acesso pré-sigmoide. Sua secretária informou que o custo estimado da internação hospitalar, honorários médicos e cirurgia seria de aproximadamente oitenta mil dólares.

Passei as informações para os pais. Tristes, eles me afirmaram que não tinham a menor possibilidade de arcar com os custos da cirurgia nos EUA, pois teriam que pagar as passagens e a hospedagem. Já tinham decidido: queriam que eu o operasse. Assim, pediram que eu prosseguisse com as tratativas da cirurgia.

Estudei detalhadamente os artigos que o Dr. Al-Mefty havia escrito sobre o tema. Discuti todos os detalhes e nuances da técnica que seria usada na cirurgia com os meus assistentes e com o anestesista.

Me senti preparado e encorajado pela família para realizar a cirurgia.

A CIRURGIA

Após a anestesia geral, o paciente foi cuidadosamente posicionado na mesa cirúrgica. Feita a incisão na pele atrás da orelha, a próxima etapa foi remover o maciço osso petroso com um motor de alta rotação acoplado a uma broca de diamante. Obtivemos um acesso direto, com uma visão clara e nítida do cordoma, que apresentava uma coloração levemente azulada com raios cor-de-rosa. O tumor foi facilmente removido com o uso do aspirador controlado. Durante todo o ato cirúrgico, tivemos o extremo cuidado de não lesar nem o tronco cerebral, nem os importantes nervos que dele emergem. O tumor foi aparentemente todo removido e o acesso petroso, como sugerido pelo Dr. Al-Mefty, revelou-se extremamente útil e adequado.

O paciente evoluiu muito bem no pós-operatório imediato, mas apresentou uma leve piora da paresia facial que já tinha antes da cirurgia. Voltou a frequentar a sua escola normalmente e passou de ano. Realizava ressonância a cada seis meses, para que pudéssemos observar uma possível recidiva tumoral. Três anos após a cirurgia, a ressonância de controle detectou três pequenas imagens na linha do acesso cirúrgico, provavelmente uma recidiva tumoral. Expliquei à mãe que infelizmente seria necessária uma nova cirurgia, mas que esse novo procedimento seria muito mais simples que o anterior, já que as lesões eram mais superficiais. Ela agradeceu, mas declinou da indicação cirúrgica e me informou, muito convicta, que o levariam para fazer uma cirurgia espiritual com um médium em Goiás, que estava realizando curas milagrosas e, inclusive, tinha angariado fama internacional.

O menino fez o tratamento espiritual, mas não obteve nenhuma resposta e faleceu seis meses depois.

Uma doença tão grave, acompanhada de tanto sofrimento, como a que acometeu aquela criança, marca a família de forma indelével e pode ter consequências desastrosas.

A perda de entes queridos afeta a todos nós, mas a dor dessa perda é muito mais intensa quando ocorre com crianças ou jovens. O falecimento de uma pessoa idosa nos consola pelo sentimento de alívio, para nós e para quem faleceu.

Em uma das palestras proferidas num congresso de Neurocirurgia nos EUA, o pastor norte-americano Billy Graham contou ao público que, em situações de doenças muito graves, o milagre não é necessariamente a cura do enfermo, mas, sim, manter a família unida, independentemente da evolução da doença.

Muitos anos haviam se passado desde o falecimento daquele paciente quando recebi um e-mail de sua irmã, que, naquele momento, estava fazendo doutorado em química, na Suécia. Ela me perguntou se havia surgido algum novo tratamento para o cordoma, pois ela gostaria muito de contribuir para a descoberta de um tratamento eficaz, pois, assim, estaria homenageando o irmão e, ao mesmo tempo, ajudando outras pessoas. Também agradecia por tudo que havíamos feito pelo irmão.

Fiquei muito emocionado ao ver que, apesar de toda a dor e do sofrimento, a família pôde se reerguer e continuar a vida.

Respondi dizendo que, até aquele momento, infelizmente, não havia nenhum novo tratamento eficaz para o cordoma.

TRANSFUSÃO DE SANGUE EM PACIENTE TESTEMUNHA DE JEOVÁ

Dra. Fabiana Policarpo, residente do terceiro ano em neurocirurgia, apresentou, durante uma sessão clínico-cirúrgica do nosso serviço, a seguinte situação para que tomássemos uma decisão: uma paciente de 53 anos havia apresentado vários episódios de convulsão nas últimas semanas. Os exames de imagem mostraram um tumor cerebral provavelmente benigno, ou seja, passível de cura cirúrgica. Também nos informou que os pais eram Testemunhas de Jeová e que a religião não permitia transfusão de sangue. Era uma situação inusitada e de difícil solução, pois a cirurgia não era complexa e provavelmente não haveria necessidade de se fazer uma transfusão em virtude de uma possível perda sanguínea que ocorresse durante o ato operatório. Porém, não poderíamos ter certeza absoluta.

O Departamento de Neurocirurgia solicitou uma reunião com a família da paciente para discutir as nuances do caso. A família agradeceu muito a consideração e perguntou se seria possível o pastor da sua igreja também participar da reunião, para que ele tentasse esclarecer alguns aspectos religiosos referentes ao assunto. Eu concordei. Marcamos a reunião para a semana seguinte.

Não aceitar transfusão de sangue é a lição primordial que os fiéis da religião Testemunhas de Jeová transmitem aos seus filhos. No Brasil, existem alguns pontos que já estão pacificados sobre a atuação dos médicos em relação à questão da transfusão de sangue em pacientes Testemunhas de Jeová. Nos casos de crianças, como não possuem o discernimento para julgar, não podem decidir por si próprias, mas também não podem ser privadas de uma transfusão que poderá salvar sua vida, por isso, a decisão dos pais contra uma possível transfusão não prevalece. Entretanto, o Conselho Tutelar deve ser avisado da decisão médica. Esse órgão sempre autoriza o médico a transfundir sangue para pacientes que não atingiram a maioridade, e a transfusão deve ser realizada mesmo à revelia dos pais. Em adultos, a decisão do paciente deve prevalecer dentro do possível, porém, se houver risco de morte para o paciente, o Conselho Regional de Medicina orienta que o médico tem por obrigação preservar aquela vida e, portanto, nesses casos, a transfusão deve ser efetuada sob a pena de o médico responsável ser processado judicialmente.

Nos EUA, o entendimento é diferente. O médico não tem o direito de desrespeitar o desejo do paciente e, se fizer a transfusão à sua revelia, mesmo que em caso de risco de morte, o profissional poderá ser responsabilizado civil e criminalmente, fato que já ocorreu previamente.

Na reunião, foram expostos todos esses argumentos descritos, na presença da paciente e de seu marido. A resposta foi rápida; poderíamos realizar a cirurgia. No entanto, a indicação foi para que tentássemos evitar a transfusão e somente realizá-la em caso de risco de morte.

A CIRURGIA

Para uma acurada localização do tumor cerebral, utilizamos uma tecnologia de ponta denominada neuronavegador, que incorpora técnicas do GPS (sistema de posicionamento global) e permite a orientação e a localização precisas de uma lesão intracraniana, diminuindo a extensão da incisão na pele e o tamanho da abertura do crânio, tornando os procedimentos menos invasivos.

O tumor era benigno. O sangramento durante o ato cirúrgico foi mínimo. Não houve necessidade de transfusão.

A cirurgia foi um sucesso. A paciente obteve alta hospitalar, com o exame neurológico normal e medicação para controle das convulsões. Todos nós respiramos aliviados com o bom desfecho do difícil caso.

Na reunião semanal do serviço de Neurocirurgia, o assunto foi trazido à baila. Um dos resistentes do segundo ano logo perguntou:

— Dr. Lynch, se, em caso de necessidade, transfundíssemos a paciente e, para evitar qualquer tipo de problema legal, não comunicássemos a família que houve a transfusão, seria uma opção válida?

Havia umas trinta pessoas participando, entre médicos, residentes, psicólogos, enfermeiras e estagiários. Um alvoroço instalou-se no ambiente, todos querendo dar a sua opinião ao mesmo tempo. Uma tremenda balbúrdia. Eu, como chefe do serviço, disse claramente que nunca deveríamos considerar essa uma alternativa válida, que a mentira ou mesmo a omissão de um fato importante não deveria ser uma opção, pois isso seria uma fraude, e que nós, do serviço de Neurocirurgia, nunca adotaríamos tal conduta.

Encerrei a reunião.

MALFORMAÇÃO ARTERIOVENOSA CEREBRAL

A malformação arteriovenosa cerebral é uma condição de origem congênita em que as artérias e as veias cerebrais são formadas juntas, imbricadas, lembrando um novelo de lã. Nessa malformação, os vasos capilares estão ausentes e, por isso, a pressão do sistema arterial conecta-se diretamente com a do sistema venoso, propiciando a ocorrência de uma hemorragia cerebral.

A paciente veio transferida de um hospital de Juiz de Fora, Minas Gerais, para que eu a operasse. Era uma jovem de 28 anos que havia sofrido uma hemorragia cerebral decorrente da ruptura de uma malformação arteriovenosa. Estava em coma superficial e apresentava uma paralisia no lado direito de corpo em função da compressão do tecido cerebral causada por um grande coágulo sanguíneo localizado no lobo temporal esquerdo, região do cérebro que controla os mecanismos da linguagem. Portanto, qualquer descuido de minha parte no planejamento ou na execução da cirurgia poderia afetá-la de forma indelével.

A CIRURGIA

Após realizar a craniotomia (abertura cirúrgica do crânio), identificamos inúmeras pequenas artérias que nutriam de sangue a malformação. Estas foram progressivamente sendo coaguladas com pinça bipolar, ocluídas e, em seguida, seccionadas com microtesoura.

No polo superior, encontramos um hematoma (coágulo) intracerebral, que foi removido com auxílio de aspiradores, dissectores e pinça bipolar. Adentramos a cavidade hemática, e o sangue liquefeito, de cor escura, foi aspirado e removido.

Conseguimos isolar a grande veia de drenagem, que já se encontrava sem nenhuma tensão, tendo sido coagulada e seccionada com a tesoura de microcirurgia. A malformação, em seguida, foi removida em uma peça única. A cirurgia foi realizada com total sucesso. Podemos afirmar que a paciente estava curada.

Um dia após a cirurgia, enquanto eu trocava o seu curativo, a jovem me fez a seguinte pergunta:

— É possível sonhar durante a cirurgia?

— Como? - perguntei de volta, surpreendido. E continuei: — Acho que não. Alguns pacientes afirmam que ouvem conversas durante a cirurgia, mas eu confesso que nunca ouvi nenhum relato de o paciente ter tido sonhos.

— Pois eu tive um sonho enquanto estava sendo operada pelo senhor - disse ela. — O sonho foi muito claro, nítido, em cores vivas: eu era uma pequena ovelha, branquinha, que pastava no topo de uma colina, despreocupadamente, quando, de repente, ouvi um ruflar de asas em cima de minha cabeça, cada vez mais próximo, e a luz do dia escureceu por completo. Senti uma forte pressão nas minhas costas. Imediatamente, fui levantada do chão e me distanciava do solo, vendo tudo diminuir rapidamente. Entendi que havia sido capturada por um grande e vigoroso pássaro, provavelmente uma águia norte-americana do tipo careca. Eu me encontrava totalmente à mercê desse pássaro. Não tinha a menor ideia do que fazer, quando ouvi uma voz forte, resoluta, que me perguntou: direita ou esquerda? Não tive tempo de responder porque acordei e o sonho acabou. O que o senhor acha?

— Não sei explicar exatamente por que você sonhou durante a cirurgia. No entanto, acredito que o sonho não tenha ocorrido durante a cirurgia, mas, sim, na sala de recuperação anestésica, quando você já estava despertando da anestesia. A maioria dos nossos sonhos acontece durante o período de transição entre o sono e o despertar, momento em que o cérebro ainda se mantém parcialmente adormecido – é o chamado sono REM (*rapid eye movement*). Uma outra possibilidade é que o sonho tenha sido estimulado por alguma das medicações usadas durante a sua anestesia, como a quetamina.

E continuei:

— Não sou psicanalista para interpretar seu sonho, longe disso, mas o significado "direita e esquerda", como todos sabemos, está usualmente associado a posições políticas e ideológicas. Enquanto você fazia o relato do seu sonho, lembrei que Young, psicanalista alemão, definia a direita como o consciente e a esquerda como o inconsciente. No seu caso, arrisco interpretar que direita significa vida e esquerda, morte. Você escolheu viver. Seja muito bem-vinda ao mundo dos vivos! – exclamei, sorrindo.

Em seguida, retirando o gorro cirúrgico que usei durante o curativo que havia acabado de realizar, perguntei:

— Por acaso, você me acha parecido com a águia careca, do seu sonho?

Ela fixou o olhar na minha linha de implante capilar e começou a rir.

TRAUMATISMO CRANIOENCEFÁLICO

Era uma jovem de vinte anos, uma promissora bailarina, de uma das mais importantes companhias de dança contemporânea no Rio de Janeiro. Um dia, enquanto andava de bicicleta em Copacabana, foi atropelada por um ônibus de turismo e lançada ao solo vários metros adiante. Foi removida do local do acidente e transferida imediatamente para um CTI.

O exame mostrou que a paciente se encontrava em coma profundo, com hipotensão arterial, e, como a sua ventilação pulmonar se encontrava comprometida, foi imediatamente intubada e colocada no respirador para melhorar a função respiratória. A tomografia de crânio mostrou uma fratura do tipo cominutiva, ou seja, um tipo de fratura que resulta em vários fragmentos ósseos, com afundamento desses fragmentos para o interior do cérebro, pressionando-o de forma intensa. Associado à fratura, observamos um grande coágulo sanguíneo, chamado de hematoma epidural – que, basicamente, é o sangue coagulado que comprime e deforma o cérebro –, e ainda contusão e edema cerebral difuso. Ou seja, um quadro gravíssimo. Estava, naquele momento, com a sua vida por um fio.

Ela foi levada imediatamente para o centro cirúrgico. Após a indução da anestesia geral, foi posicionada com a cabeça elevada. Uma incisão longa em forma de arco foi realizada para que pudéssemos ter acesso a todas as lesões cerebrais em um único tempo cirúrgico.

Observamos que o osso frontoparietal se encontrava fraturado, partido em vários fragmentos empurrados para o interior do cérebro. Notamos também que, pelas linhas das fraturas, brotava uma grande quantidade de sangue venoso, o que nos fez supor que o seio sagital – a maior veia que drena o sangue da cabeça – havia sido seccionado pela fratura do crânio. Seria necessário agirmos com rapidez para estancar o sangramento e evitar que a paciente entrasse em choque por perda excessiva de sangue. Imediatamente, os vários fragmentos de osso foram cuidadosamente elevados e removidos do campo cirúrgico. Após a remoção dos fragmentos ósseos, rapidamente identificamos uma grande laceração do seio sagital e empregamos, nesse momento crucial da cirurgia, um aspirador potente para manter o campo cirúrgico o mais seco possível. Conseguimos cobrir a laceração do seio sagital com uma tira de músculo que fora previamente removida da coxa da paciente. Em seguida, cobrimos o músculo macerado com um fragmento de algodão especialmente preparado para uso em Neurocirurgia, com o intuito de manter o fragmento de músculo no seu devido lugar, tamponando a laceração. O sangramento diminuiu consideravelmente, porém, não cessou de todo, o que nos levou a colocar uma fina malha de um material hemostático por cima do músculo para reforçar a ação hemostática do fragmento do músculo que estava cobrindo o local da laceração na parede do seio sagital. Finalmente, o sangramento cessou por completo, trazendo um imediato alívio para todos da equipe cirúrgica envolvidos na operação.

Enquanto eu lutava para controlar o sangramento, o Dr. Ricardo Andrade, meu assistente por vários anos, encaixava, como se fosse um quebra-cabeça, os vários fragmentos ósseos que haviam sido removidos e os recolocava na sua posição original, fixando-os com a ajuda de pequenas placas e parafuso de titânio. O Dr. Ricardo conseguiu reconstituir o osso frontoparietal que havia sido fragmentado pelo trauma de forma perfeita.

Terminada a cirurgia, a paciente retornou ao CTI, onde permaneceu internada por sessenta dias entre a vida e a morte, lutando contra as várias complicações clínicas que foram surgindo durante sua recuperação. Essa recuperação só foi possível graças à dedicação de médicos, enfermeiras, fisioterapeutas e tantos outros profissionais do CTI.

Sem essa dedicação, ela não teria resistido às várias complicações clínicas que surgiram no transcurso de sua internação.

Após longa jornada de recuperação no CTI, finalmente obteve alta e pôde completar a convalescência em sua residência.

Na primeira visita após a alta hospitalar, entrou no consultório e, antes de se sentar, foi logo reclamando que, na sua cabeça, parecia haver um quebra-molas. "A minha cabeça está cheia de altos e baixos!", exclamou.

Pacientemente, expliquei que ela tinha sofrido uma fratura muito grave no crânio e que tinha sido um trabalho enorme reconstituí-lo; que, no momento, ainda havia edema dos tecidos e, por isso, deveríamos esperar pelo menos seis meses para ter a real situação do local da cirurgia. Falei que, se ela desejasse muito, mais para frente, poderíamos fazer uma cirurgia estética para corrigir esse desnível que ela sentia quando passava a mão no local. Ela retrucou imediatamente:

– Dr. Lynch, eu nunca passei a mão no local! Essa é a reclamação do meu namorado!

Imediatamente, a mãe interveio:

– O quê? De jeito nenhum você vai ser operada de novo! Você quer me matar? Eu a acompanhei no CTI, dia e noite por sessenta dias, rezando para você se recuperar sem nenhuma sequela! Você não vai fazer cirurgia nenhuma enquanto eu estiver viva! Em vez disso, troque de namorado, *ora bolas*. Esse *hippie* horroroso não vai decidir nada da sua vida!

Nunca mais se falou do assunto. Ela terminou o relacionamento com o namorado e teve uma excelente recuperação neurológica, mas não a ponto de voltar a dançar.

HEMORRAGIA CEREBRAL – QUASE MORTE

Uma jovem de dezoito anos foi acometida, enquanto jogava vôlei no colégio, por uma forte dor de cabeça, imediatamente acompanhada de perda da consciência. Levada para a emergência, chegou em parada cardiorrespiratória. Foi intubada e ressuscitada imediatamente. Recuperou a função cardíaca, porém o ciclo respiratório demorou uma semana para se restabelecer. Exames complementares diagnosticaram uma grave hemorragia cerebral decorrente da ruptura de uma pequena malformação arteriovenosa localizada profundamente no interior do cérebro, em um local denominado tálamo.

O tálamo é uma pequena região do cérebro que possui a importante função de filtrar as sensações vindas do corpo e decodificá-las para que o cérebro as utilize da forma adequada.

Por conta do grande volume de sangue que envolvia seu cérebro, colocamos um dreno especial com o intuito de remover o sangue acumulado. A presença do sangue na região impedia que a função cerebral se recuperasse adequadamente e, portanto, a remoção do sangue aceleraria a recuperação da consciência. Após quinze dias, ela recobrou completamente a consciência, sem nenhuma sequela motora ou sensitiva.

O próximo passo era decidir como eliminar a malformação vascular a fim de evitar uma segunda hemorragia, que provavelmente seria fatal. A primeira possibilidade era o tratamento microcirúrgico clássico, que eliminaria de imediato o risco de um novo sangramento. Entretanto, como se tratava de uma região cerebral muito eloquente, a cirurgia, por mais bem realizada que fosse, muito provavelmente a deixaria com uma sequela sensitiva-motora importante. Após explicar à família as possíveis consequências em uma área tão delicada, sugeri uma segunda possibilidade: que o tratamento a ser instituído fosse pelo uso de uma nova tecnologia recém-inaugurada no Brasil, a Gamma Knife®, uma técnica de radioterapia que concentra os feixes da radiação em um único ponto, ideal para o tipo de lesão apresentada. Havia, entretanto, uma desvantagem: a malformação só fecharia dois anos após o término do tratamento. Durante esse período, poderia ocorrer um novo sangramento, com as sérias consequências advindas de uma hemorragia cerebral. O pai da dela me perguntou:

— Se fosse com a sua filha, o que o senhor faria?

A decisão final foi pelo tratamento com a Gamma Knife®. Dois anos após a conclusão do tratamento, uma angiografia cerebral mostrou que a malformação vascular estava totalmente ocluída, afastando completamente a possibilidade de um novo sangramento. A paciente estava curada.

Passados três anos, eu estava tranquilamente passeando no bairro do Leblon, no Rio de Janeiro, em um sábado de outono, quando ouço alguém me chamando insistentemente. Ao me virar, vejo uma jovem de cabelo negro, pilotando uma bicicleta. Feliz, com um sorriso largo no rosto, ela me contou que não sentia mais nada, que estava absolutamente normal e que era mãe de uma menina linda.

— Poxa, que ótimo - eu disse. — Mas por que você sumiu e não continuou a fazer as revisões de rotina?

— Dr. Lynch, eu tenho tanto medo do senhor e daquela época que não tenho coragem de nem de passar pela rua do seu consultório!

Fiquei surpreso com aquela assertiva e perguntei:

— Por que esse pavor todo?

— Já que nós nos encontramos por acaso, vou lhe explicar o porquê desse pavor tão grande. O senhor vai me entender perfeitamente. Quando eu estava sendo atendida na emergência do pronto-socorro, em parada cardíaca, tive a nítida sensação que me distanciava do meu corpo, como se estivesse completamente solta, flutuando no ar, mas eu podia ver claramente os médicos e as enfermeiras muito ativos, trabalhando, atarefados em torno do meu corpo, passando aquele tubo pela minha garganta para ventilar meus pulmões, tentando me ressuscitar. Tive uma sensação de que iria perder os sentidos e desfalecer. Daí em diante, não me lembro de mais nada.

— Entendo perfeitamente que essa seja uma razão muito forte para você ficar traumatizada - respondi.

— Dr. Lynch, pesquisei muito sobre esse estado de quase morte. Existem vários relatos muito similares ao meu.

— É verdade, conheço vários. Você tem razão, as descrições são muito semelhantes ao que você experimentou. O autor japonês Haruki Murakami fala que esse tipo de fantasma, se é que podemos chamá-lo assim, é reconhecido no Japão como o espírito vivente ou Ikiryō. O Ikiryō é um fenômeno em que o espírito vivente se afasta momentaneamente do corpo, podendo até viajar para um local distante, mas depois retorna ao próprio corpo. Não é exatamente o que você vivenciou e acabou de descrever? O Ikiryō é o resultado de um sentimento muito forte e, ainda segundo Murakami, existem vários exemplos de espíritos viventes na literatura japonesa.

Nos despedimos com um abraço fraterno.

Ela continuou bem longe do meu consultório, fugindo de mim como o diabo foge da cruz.

GLIOBLASTOMA MULTIFORME, UM ASSASSINO CRUEL

O glioblastoma multiforme é o mais maligno tumor cerebral. A sobrevida média após seu diagnóstico varia de 12 a 14 meses; raramente o paciente alcança dois anos de sobrevida apesar da cirurgia, da radioterapia e da quimioterapia. Não há prevenção que impeça o seu surgimento. O glioblastoma é simplesmente um cruel assassino.

Uma mulher de 38 anos, cheia de vida, veio ao consultório, encaminhada pelo Dr. Pedro Henrique Paiva, relatando que, dois meses antes da consulta, de forma súbita, não conseguiu reconhecer as faces e os nomes de pessoas próximas. Esse fenômeno, denominado prosopagnosia, durou aproximadamente 2 a 3 horas e depois desapareceu completamente.

A prosopagnosia ocorreu porque aquela área cerebral, que tem a função específica de reconhecer rostos, estava sendo invadida pelo tumor. O reconhecimento dos rostos teve uma importância muito grande na evolução das espécies – se você não reconhecesse rapidamente a face de um inimigo, poderia ser morto por ele ou por um outro membro de sua tribo.

Na semana anterior à consulta, a paciente começou a apresentar diminuição da força na mão esquerda, acompanhada de dormência. O exame neurológico se encontrava inteiramente dentro da normalidade. A ressonância, entretanto, detectou um grande tumor cerebral com características de malignidade que se situava na região frontal direita.

Na semana seguinte, realizamos uma craniotomia e uma microcirurgia para a remoção radical da lesão. Conseguimos ressecar todo o tumor visível ao microscópio, empregando sua ampliação máxima. A neoplasia situava-se anterior ao sulco central, uma fenda muito fina que divide a região responsável pelos movimentos – a chamada área motora – da responsável pelo reconhecimento das sensações, como o tato e a dor – denominada área somatossensitiva.

Existe uma informação incorreta que circula na imprensa leiga e que tem sido exaustivamente repetida: de que os seres humanos utilizam apenas 10% da capacidade do seu cérebro. Essa afirmação é totalmente inverídica, estapafúrdia. O cérebro humano é uma máquina com múltiplas funções e não existe uma área no cérebro que não seja funcional – em outras palavras, todo o nosso cérebro atua constantemente, até quando dormimos.

Por essa razão, o neurocirurgião deve conhecer a anatomia e a fisiologia cerebral profundamente e desenvolver uma técnica cirúrgica apurada para evitar que ocorra, durante o procedimento cirúrgico, uma lesão que possa resultar em uma sequela indelével.

A paciente respondeu muito bem ao procedimento cirúrgico e obteve alta sem nenhum déficit neurológico. O diagnóstico histopatológico confirmou o que mais temíamos: glioblastoma multiforme, um tumor extremamente maligno; na realidade, o pior tumor cerebral para se tratar!

Tive uma sofrida conversa com ela, sua mãe e a irmã para informar o tipo tumoral que se apresentava e o seu péssimo prognóstico.

Minha conduta é diferente da realizada pelos médicos norte-americanos, que abordam objetivamente, sem meias palavras, o que o paciente irá encontrar pela frente, ou seja, quanto tempo de vida ainda lhe resta, se desenvolverá alguma sequela durante o tratamento e, inclusive, o que deve fazer para se organizar legalmente.

Sempre informo a verdade aos meus pacientes e seus familiares, mas sem tirar um mínimo de esperança em relação à cura e à recuperação do indivíduo. Acredito que temos de manter a esperança do paciente, mesmo em caso de uma doença maligna adversa e sem perspectiva de cura ou recuperação. Entendo que manter a esperança é uma obrigação humana do médico.

A paciente completou o tratamento radioterápico associado à quimioterapia com uma nova e promissora medicação conhecida como temozolomida.

Inicialmente, apresentou uma ótima resposta, retomando inclusive suas caminhadas diárias, porém essa melhora foi de curta duração e, em seis meses, voltou a apresentar os mesmos sintomas anteriores à cirurgia. Uma nova ressonância confirmou recidiva tumoral. O tratamento radioterápico associado à quimioterapia mostrou-se totalmente ineficaz.

Nessa situação, o que podemos fazer?

Só nos restava tentar uma reoperação, unicamente com o intuito de prolongar a sobrevida por mais alguns meses e torcer para que aparecesse, nesse intervalo, novos tratamentos que pudessem estimular o sistema imunológico da paciente a atacar o tumor e começar a destruí-lo.

Após conversarmos com a família e discutirmos a evolução da doença com os seus pais, decidimos pela reoperação. A segunda cirurgia foi realizada sem nenhuma intercorrência, novamente com a remoção total do tumor.

Infelizmente, após uma curta estabilidade da doença, a neoplasia retornou de forma avassaladora, e ela, que gostava tanto da vida e possuía uma perseverança suave, veio a falecer seis meses depois, perdendo a luta para o glioblastoma multiforme, um assassino impiedoso – ou, como diz o Jim Morrison, "*a killer on the road*".

ESQUIZOFRENIA

A esquizofrenia é uma das mais complexas doenças que afetam o ser humano. Os sintomas mais frequentes são: alucinações, pensamento desorganizado, diminuição do entendimento da realidade, paranoia e escuta de vozes inexistentes.

Estudos genéticos apontam para uma mutação no cromossomo 22, local responsável pelo desenvolvimento e pela maturação dos neurônios nos estágios iniciais do desenvolvimento do embrião. Essa alteração genética provoca um crescimento anormal dos neurônios e afeta a construção das redes que os interligam. Na esquizofrenia, o cérebro não consegue distinguir a voz interna da voz externa, levando o paciente a acreditar que o monólogo interior se origina de outra pessoa. Além do componente genético, fatores ambientais podem influir na gênese da esquizofrenia, que atinge entre 0,3 e 0,7% da população mundial.

A expectativa de vida dos pacientes esquizofrênicos é menor do que a da população geral em razão do aumento de doenças físicas e do alto índice de suicídios. Não existe cura para esse mal. Os antipsicóticos atenuam e às vezes controlam os sintomas agudos durante uma crise, porém não revertem os sintomas a longo prazo. Há uma tendência de os medicamentos perderem a eficácia com o passar do tempo.

A paciente em questão foi trazida ao meu consultório por sua irmã mais velha, empresária de sucesso no ramo da moda feminina.

A irmã relatou que, desde a mais tenra infância, sua irmã revelava um comportamento estranho: não demonstrava nenhuma fome. E alongou o relato:

– O pediatra orientou nossa mãe para que ela desse uma maçã para minha irmã, pois, assim que a fome surgisse, ela a comeria. No entanto, isso nunca acontecia e ela ficava o dia inteiro com a maçã na mão, andando para lá e para cá. Não comia a maçã nem lhe dava outro destino. Com o passar dos anos, apresentou um comportamento esquivo: não desenvolvia amizades com as colegas de classe, mantinha-se afastada de reuniões sociais e refugiava-se nos livros. Foi crescendo e os sintomas foram se agravando, chegando a desenvolver pensamentos suicidas. Tinha delírios de perseguição, como se todas as pessoas conspirassem contra ela. Acreditava que uma determinada marca de caminhão significava uma mensagem contra ela. Insistia que o porteiro do prédio sempre coçava o bigode quando a encontrava e que esse gesto tinha um determinado significado. Eu tentava dissuadi-la dessas ideias persecutórias, mas, sempre fracassava, pois logo ela arranjava uma desculpa para justificar sua obsessão.

Segundo os relatos da irmã, a paciente começou a fazer psicanálise muito cedo e a ser medicada com drogas antipsicóticas. Melhorava por alguns períodos, mas logo os sintomas recrudesciam.

Por fim, a irmã desabafou:

– Dr. Lynch, eu desenvolvi um forte sentimento de culpa em relação à minha irmã e questiono por que ela foi afetada por tão terrível flagelo e eu não. E se, em vez dela, tivesse sido eu a desenvolver a esquizofrenia? Pensei muito em ir morar fora do Brasil, me afastar dela, pois sua doença me asfixiava e eu estava enlouquecendo. Entretanto, eu jamais poderia deixar que meus pais, já idosos, tomassem conta de tudo. Fiquei e, mesmo cuidando dela, consegui, ao mesmo tempo, criar a minha família. Tenho dois filhos maravilhosos. Como sei que a esquizofrenia tem um importante componente genético, me preocupo diariamente que um dos meus filhos possam desenvolver a doença.

Então, a irmã acrescentou:

— Recentemente, ela parou de andar. Uma avaliação neurológica feita pelo Dr. Jorge Kadum detectou uma paralisa da perna esquerda. A ressonância cerebral identificou um meningioma parassagital, responsável pela citada paralisia.

Sobre isso, expliquei que a associação do tumor cerebral com a esquizofrenia era um mero acaso e que não havia nenhuma correlação de causa e efeito entre um e outro.

Durante a conversa com a irmã, a paciente permaneceu calada o tempo todo, imóvel, com o corpo fletido e a cabeça baixa. Perguntei se tinha acontecido algo e ela respondeu que estava bem, que tinha ouvido tudo o que a sua irmã havia dito para mim, que concordava inteiramente com o que havia sido informado e que não tinha mais nada a acrescentar.

O exame neurológico mostrou uma paciente apática, não cooperativa e parcialmente desorientada, apresentando paralisia da perna direita. Não conseguia andar sem apoio.

A CIRURGIA

A paciente foi posicionada em decúbito dorsal, com elevação da cabeceira da maca cirúrgica. Foi realizada uma incisão de oito centímetros, retilínea, mediana, iniciando-se um centímetro posterior à sutura coronária. A hemostasia (controle do sangramento) foi obtida e a craniotomia (abertura do crânio) foi realizada tangenciando a linha média. A dura-máter foi seccionada com o bisturi lâmina 15 e fletida em direção à linha média. O microscópio cirúrgico foi trazido ao campo cirúrgico e o restante do procedimento foi realizado com magnificação de 10 a 25 vezes.

Encontramos o tumor situado paralelamente à superfície do córtex cerebral. Sua superfície foi coagulada com o bipolar, para evitar sangramentos, e, em seguida, foi seccionada com microtesoura e o seu interior, penetrado. O interior da lesão era macio e facilmente aspirável. Vários fragmentos foram removidos do campo cirúrgico com a pinça de Rhoton. O sangramento era discreto. Identificamos e isolamos a cápsula tumoral do tecido cerebral adjacente. Pequenos vasos nutridores da neoplasia, localizados nos polos superior e inferior, foram progressivamente identificados e, em seguida, coagulados com o bipolar e seccionados com a microtesoura. Toda a face tumoral dissecada ficou livre do parênquima cerebral e foi isolada com pequenas almofadas de algodão, que mantinham a hemostasia, protegiam o tecido cerebral de qualquer trauma e conservavam o plano da dissecção entre a cápsula tumoral e o tecido cerebral.

Conseguimos remover inteiramente a lesão e, para evitar uma recidiva tumoral, o implante foi realizado no seio longitudinal superior, coagulado com o bipolar sob irrigação. A dura-máter foi suturada e o retalho ósseo, recolocado no seu leito e fixado com pequenas placas de titânio. A gálea foi suturada com pontos invertidos e a pele, com fio de nylon.

A paciente evoluiu bem no período pós-operátorio, obtendo alta hospitalar quatro dias após o procedimento.

O resultado da biópsia revelou um meningioma totalmente benigno, reafirmando a cura daquele tumor cerebral.

Ela retornou para a avaliação pós-operatória por três vezes, sem nenhuma melhora dos sintomas relacionados à esquizofrenia, mas com progressiva melhora da paralisia da perna, a ponto de voltar à deambulação sem nenhum apoio externo.

Desde o início, criei uma forte empatia com a paciente e sua irmã, talvez porque minha irmã mais velha também tivesse sido acometida na juventude por essa terrível doença.

A transformação que vai ocorrendo com essas pessoas ao longo da vida é impressionante. É muito doloroso para quem as acompanha de perto, pois, lenta e progressivamente, elas vão sendo consumidas pelo seu interior, pelo seu próprio cérebro. E essa transformação vai, aos poucos, se refletindo na postura corporal e no seu aspecto físico.

Posso afirmar, com toda a certeza, que a esquizofrenia é uma doença terrível, destruidora do ser humano e, frequentemente, também da família do paciente.

Acompanhei a paciente ao longo de oito anos após a cirurgia. Ela havia recuperado completamente a função motora da perna e caminhava normalmente. Contudo, em relação à esquizofrenia, não se observou nenhuma mudança dos sintomas.

HIDROCEFALIA

Um homem de 76 anos procurou-me no consultório relatando uma progressiva dificuldade de andar, iniciada há cinco anos. A ressonância cerebral revelou hidrocefalia.

A hidrocefalia é uma condição patológica caracterizada pelo acúmulo excessivo do líquido cefalorraquidiano (LCR) dentro dos ventrículos cerebrais.

Ventrículos cerebrais são cavidades localizadas no interior do cérebro que, por meio de estruturas denominadas plexo coroide, produzem continuamente um líquido claro e cristalino semelhante à água de rocha. Esse líquido, conhecido como liquor, circula livremente pela superfície do cérebro e da medula. O liquor é absorvido por estruturas denominadas granulações de Pacchioni. Sua produção e absorção devem ser perfeitamente equilibradas. Havendo uma diminuição da absorção do liquor, consequentemente ocorrerá um acúmulo excessivo do LCR no interior dos ventrículos e esse acúmulo os dilatará, provocando sintomas neurológicos que caracterizam a hidrocefalia.

O exame neurológico mostrou uma apraxia da marcha, termo médico que define a associação da perda da função motora do caminhar, com a incoordenação dos membros inferiores.

Sugeri o tratamento cirúrgico, denominado derivação ventriculoperitoneal, uma cirurgia que conecta os ventrículos cerebrais ao peritônio através de um delicado e flexível tubo de silicone. A função desse tubo é retirar do sistema ventricular o excesso do liquor, que é normalmente absorvido pelo próprio cérebro, e transferi-lo para a cavidade peritoneal, que, então, irá absorvê-lo.

Interpõe-se ao tubo de drenagem uma válvula, com o objetivo de manter um fluxo de drenagem constante.

Como neurocirurgião, já havia operado mais de duzentos pacientes com hidrocefalia e, portanto, era conhecedor de todas as possíveis complicações que poderiam ocorrer. As complicações pós-cirúrgicas para correção da hidrocefalia são frequentes; quando consultamos a literatura médica, observamos que elas ocorrem em aproximadamente 25% dos pacientes. Na maioria das vezes, são complicações leves que podem ser corrigidas; porém, em alguns casos, elas podem ser muito graves, inclusive levando o paciente ao óbito.

A cirurgia transcorreu sem nenhum contratempo e o paciente obteve alta hospitalar três dias após o ato cirúrgico.

A pressão de abertura da válvula foi ajustada em 120 mmH_2O.

EVOLUÇÃO PÓS-OPERATÓRIA

O paciente acordou da anestesia ainda na sala de cirurgia e sem nenhum déficit neurológico. Recebeu alta hospitalar no terceiro dia de pós-operatório.

No entanto, no quarto dia do pós-operatório, apresentou uma forte dor de cabeça, acompanhada de hipertensão arterial e taquicardia. Os sintomas desapareceram quando ele se deitou na sua cama. O diagnóstico foi de drenagem excessiva do liquor.

Como o sistema da válvula poderia ser regulado externamente, sem a necessidade de nova intervenção cirúrgica, decidimos aumentar a pressão para diminuir o excesso de drenagem. Elevamos a pressão para 160 mmHg. Entretanto, esse ajuste não surtiu o efeito desejado e outros episódios de drenagem excessiva continuaram a ocorrer.

Foi realizado um novo ajuste, desta vez para 200 mmHg, que cessou a hiperdrenagem do liquor.

A conclusão foi que seria necessário trocar a válvula, pois a vida do paciente estava em sério risco.

O ser humano é muito frágil e a vida sempre está por um fio.

Os perigos que nos ameaçam são muitos e frequentemente mais fortes do que nós.

Uma simples bactéria ou um vírus que chegam não se sabe de onde; um coágulo que se desprende de uma veia da panturrilha e viaja dentro de você até alcançar seu pulmão, podendo provocar uma embolia pulmonar; um coração que um dia decide parar de bater sem aviso prévio; um aneurisma cerebral que se rompe; todos esses imprevistos revelam a nossa imensa fragilidade.

Podemos afirmar, sem chance de erro, que a vida e a morte convivem lado a lado, separadas por uma cortina transparente. Uma é a imagem invertida da outra, como revelam as duas faces da deusa asteca da vida e da morte, Coatlicue.

Desde então, o paciente vem realizando tomografias de controle, que revelaram uma diminuição da hidrocefalia.

QUESTÕES ÉTICAS

Estávamos iniciando a sessão semanal (reunião para discutir as condutas dos doentes internados no serviço de Neurocirurgia do HFSE) quando a chefe de enfermagem, a excelente e dedicada enfermeira Mirian, solicitou para que eu resolvesse uma situação que estava ocorrendo na enfermaria masculina. Relatou que, na noite anterior, havia sido internado, à sua revelia, um paciente transferido do setor de emergência, em coma profundo, intubado e acoplado ao respirador. Ela informou que não havia nenhuma vaga no CTI nem em qualquer outra unidade de apoio para um paciente dependente de respirador e, por essa razão, ele havia sido internado na enfermaria da Neurocirurgia. Entretanto, a enfermaria da Neurocirurgia não estava preparada para receber um paciente naquele estado.

Ansiosa e preocupada, a enfermeira Mirian perguntou:

– Se esse paciente ficar aqui, na segunda-feira não poderemos internar o outro que tem a cirurgia marcada para o senhor operar. Gostaria de acrescentar que trata-se de um caso grave de um aneurisma cerebral, cuja cirurgia já foi cancelada duas vezes. O que devemos fazer?

Logo em seguida, eu solicitei ao Dr. Juliano Bertelli – na ocasião, chefe dos residentes e encarregado da enfermaria masculina – que descrevesse o quadro neurológico do paciente para que pudéssemos tomar uma decisão mais embasada.

O Dr. Juliano relatou que era um homem de 68 anos, obeso, hipertenso, diabético e tabagista que subitamente perdeu a consciência. A família o levou para o setor da emergência e, quando deu entrada, estava em coma profundo, com a pressão arterial de 250 x 140 mmHg e dificuldade respiratória. Foi intubado e colocado no respirador. A tomografia computadorizada que mostrou a causa do quadro era uma extensa hemorragia no tronco cerebral.

– Dr. Juliano, existe indicação de cirurgia nesse caso? – perguntei.

– Não, Dr. Lynch, eu não creio que haja nenhuma indicação cirúrgica. O hematoma é muito extenso, envolve inteiramente a protuberância e, associado ao gravíssimo quadro neurológico, não creio que haja qualquer indicação de cirurgia.

– Então, o paciente já se encontra em morte cerebral? – perguntou o Dr. Ricardo de Andrade, chefe de clínica do serviço.

– Não, Dr. Ricardo, ainda não, porque, quando fizemos um estímulo nociceptivo, ele esboçou movimentos de retirada em ambos os braços. Mas acredito que esteja caminhando para a morte encefálica em breve, pois o quadro é muito grave.

Por conseguinte, dei uma longa explicação:

– Estamos diante de um problema ético, por si só, difícil de resolver, agravado pelas crônicas dificuldades do serviço público, ou seja, excesso de pacientes e poucos recursos financeiros para atender essa enorme demanda. Todavia, temos que fazer o nosso melhor na situação presente. O Conselho Federal de Medicina (CFM) determinou que casos com suspeita de morte encefálica devem ser observados e tratados por no mínimo seis horas antes do início do protocolo que confirme a falta de atividade cerebral. É obrigatória a realização de dois exames clínicos feitos por médicos diferentes e pelo menos um exame complementar (gráfico, metabólico ou de imagem) para que seja demonstrada a ausência de perfusão sanguínea ou de atividade elétrica cerebral. Nessa situação, normalmente está se contemplando a realização de transplantes de órgãos para um receptor já identificado. Além do coração e dos rins, quinze órgãos podem ser doados. Contudo, existem situações que, mesmo sem o diagnóstico de morte cerebral, o médico está autorizado a suspender o tratamento. O CFM estabelece os critérios para que qualquer pessoa possa definir, junto ao seu médico, sob o chamado testamento vital, quais os limites terapêuticos na fase terminal de sua vida. Pacientes e médicos estão respaldados para evitar o uso de tratamentos considerados fúteis. Desse modo, o indivíduo poderá, por exemplo, expressar claramente que não quer procedimentos de ventilação mecânica, tratamentos medicamentosos ou cirúrgicos dolorosos ou mesmo a reanimação, na ocorrência de parada cardiorrespiratória. Pelo Código de Ética Médica, é vedado ao médico abreviar a vida (eutanásia), ainda que a pedido do paciente. Entretanto, nos casos de doença incurável ou de situações clínicas irreversíveis e terminais, o médico pode oferecer somente cuidados paliativos disponíveis e apropriados (ortotanásia).

Por fim, concluí:

— Não me parece que seja o caso em questão, portanto, temos que manter o tratamento básico e aguardar a evolução clínica. Podemos solicitar ao grupo do transplante renal uma avaliação, embora eu acredite que o paciente em questão não seja um bom candidato à doação de órgãos, porque ele apresenta inúmeras comorbidades que já podem ter provocado danos nos órgãos passíveis de transplante. Como estava esclarecendo, para jovens médicos, complexos assuntos que envolvem diferentes aspectos de ordem médica, religiosa e ética, tudo deve ser bem colocado, porque são situações próximas, mas diferentes. Somos obrigados a ficar bem atentos aos detalhes legais, porque é nossa obrigação obedecer a legislação em vigor.

A reunião estava quase terminando quando a enfermeira pediu licença e adentrou a sala comunicando aos presentes que o paciente sofrera uma parada cardíaca que não foi revertida com as medidas usuais de reanimação, evoluindo, assim, para o óbito.

A natureza tomou a sua decisão.

HOSPITAL PÚBLICO

Ouvi repetidamente a mesma pergunta durante os 35 anos em que trabalhei em hospitais públicos.

— Dr. Lynch, por que o senhor continua a trabalhar em um hospital público?

O serviço público não possui uma política de premiar o mérito nem o esforço individual, assim como também não há nenhuma cobrança de desempenho. Ainda por cima, está cronicamente lutando contra a escassez de recursos financeiros e com equipamentos médicos defasados. O salário dos profissionais de saúde é baixo e as dificuldades para trabalhar são gigantes. Até parece que essa estrutura burocrática pesada e ineficaz foi cuidadosamente planejada e construída para dificultar ao máximo a atividade de cura dos pacientes, que deveria ser objetivo principal de um hospital.

Tais questionadores completavam:

— É melhor não trabalhar, fazer corpo mole, não se envolver com os pacientes e não se desgastar tentando fazer com que a máquina pública funcione.

Uma vez, quando fiz uma cobrança por um mínimo desempenho e compromisso, ouvi, com sarcasmo, uma resposta curiosa:

— Dr. Lynch, eu não sou fósforo para esquentar a minha cabeça!

Reconheço todas essas dificuldades e empecilhos para se trabalhar adequadamente em um hospital público. Sempre associo esse trabalho à imagem do mito de Sísifo carregando uma pesada pedra nas costas morro acima; e, quando alcança o topo, tem que soltá-la morro abaixo e recomeçar a labuta de novo, *ad eternum*.

Entretanto, mesmo sabendo de todas essas dificuldades, tenho um sentimento de dever e mesmo de gratidão com o Brasil.

Meu pai foi funcionário do Banco do Brasil, um banco público. Com o salário que recebia, sustentou sua família de forma digna e saudável e me deu a oportunidade de cursar medicina em uma universidade pública de boa qualidade. Consegui me formar e chegar aonde cheguei, em boa parte, graças aos órgãos públicos.

Mario Vargas Llosa afirmou, em seu magnífico livro *Conversa na Catedral*, que, na América Latina, as pessoas que comem três refeições por dia e podem vestir uma camisa são seres privilegiados.

Segundo o Dr. Luiz Roberto Londres, ex-diretor da Clínica São Vicente, no Rio de Janeiro, houve um tempo em que os homens públicos tinham espírito público, principalmente na área da saúde. O Rio de Janeiro tinha o melhor serviço de saúde pública do Brasil. O Hospital Federal dos Servidores do Estado (HFSE) era uma referência na América Latina e era uma honra para qualquer médico ser chefe de serviço de uma de suas especialidades.

Minha experiência adquirida nos 35 anos à frente do serviço de Neurocirurgia do HFSE foi muito profícua. Aquele ambiente médico-científico propiciou ótimas oportunidades de transmissão dos meus conhecimentos adquiridos aos muitos residentes médicos do serviço. Outro grande privilégio de se trabalhar em hospitais públicos do porte do HFSE é a oportunidade de se deparar com o grande volume de pacientes com doenças graves e incomuns. Essa vivência proporcionou-me a oportunidade de publicação de aproximadamente cem artigos em revistas médicas e a apresentação de quinhentas palestras e conferências em congressos.

Como afirmou o Dr. Peter Jannetta, "por mais que um cirurgião opere um número enorme de pacientes durante a sua vida professional, sua influência será limitada; porém, se ele treina um grupo de jovens cirurgiões, que por sua vez irão treinar outros, sua influência será muito ampliada".

A CARTA – A IMPORTÂNCIA DE VIVER AOS OITO ANOS DE IDADE

Durante minha vida profissional, recebi centenas de sinceros agradecimentos, todos eles maravilhosos, mas um deles me tocou profundamente e o reproduzo a seguir.

"Na minha infância, tudo era maravilhoso. Minha família, meu colégio, meus amigos.

Um certo dia de fim de ano, mais precisamente dois dias antes do Natal, assistindo ao filme *Robin Hood* (com Errol Flynn), deitado no sofá (aproximadamente entre 1980 e 1981), de repente comecei a sentir algo estranho. Minha visão começou a embaçar, não conseguia falar ou chamar ninguém e apenas lembro que dei um grito súbito; depois, não vi mais nada. Ao acordar, obnubilado e confuso, estava sendo carregado nos braços de minha mãe para dentro da emergência de uma clínica. Poucos segundos depois, mais uma vez apaguei. Tive convulsões, talvez três ou quatro nesse mesmo dia. Uma pena, pois estava tão feliz com a proximidade do Natal, da reunião familiar e, óbvio, dos presentes que meu querido pai me daria! Em seguida, o que aconteceu foi uma parada cardiorrespiratória, revertida a tempo pelo cardiologista Dr. Francisco Antônio Barreira de Araújo. Demorou um tempo para eu acordar e tentar entender o que estava fazendo naquele lugar cheio de aparelhos, monitores e fios.

Dr. Francisco conversou com minha mãe e explicou a situação e a hipótese diagnóstica. Prontamente, ele disse:

– O caso do seu filho é grave e preciso chamar com urgência um amigo para avaliá-lo.

Meu pai ainda estava no trabalho quando recebeu a ligação de minha mãe, chorando e sofrendo, e foi correndo para a clínica.

O Dr. Lynch era o neurocirurgião amigo do Dr. Francisco.

Lembro-me de que tive de ficar em uma posição desconfortável enquanto explicavam que iriam colocar uma agulha nas minhas costas para colher um tal líquido e enviar para o laboratório. 'Nossa!', pensei, 'isso vai doer muito!'. Pois bem, começou o procedimento e não senti nada! Disseram-me para virar e, quando olhei, o procedimento já tinha terminado. Não senti nada! Que bom! Mas, e agora?

Sei que permaneci internado durante quatro meses e fiz acompanhamentos periódicos com o Dr. Jose Carlos Lynch por um período de quatro anos em seu consultório particular.

Na verdade, nas consultas com Dr. Lynch, eu me divertia. Era um tal de colocar dedo na ponta do nariz, abre olho, fecha olho, anda pra lá, anda pra cá, na ponta dos pés, mostre os dentes, martelinho no joelho e pernas pulando... E eu ria muito disso tudo! Aliás, adorava aquele tapete lindo do consultório dele. Eu era criança e achava aquilo sensacional!

Com o passar dos anos de tratamento, comecei a ter noção de que eu tinha passado por momentos difíceis e quase havia morrido.

Foi justamente aos oito anos de idade que decidi ser médico. Tirando todo o sufoco que passei, achei tudo aquilo muito legal, um grande barato!

Fiquei bem, sem sequelas.

Eu queria ser aquele doutor da agulha na espinha – o que me salvou a vida.

Estudei, lutei e cumpri meu desejo de ser médico."

INÍCIO PROFISSIONAL

Quando retornei ao Rio de Janeiro após o término da minha residência em Neurocirurgia no Mount Sinai Hospital, em Nova York, EUA, me sentia como o Leonardo Di Caprio na cena em que ele, na proa do Titanic, abre os braços e grita com toda força: "Eu sou o rei do mundo!". Estava com todo o gás, sabia tudo. Me achava o rei da Neurocirurgia!

Fui convidado, à época, para ser assistente de um eminente neurologista carioca, que possuía uma grande clínica, frequentada principalmente por artistas, políticos, escritores e pessoas do *jet set* carioca. Em seu belo consultório, ele me falou na entrevista inicial:

— Lynch, eu trabalho muito durante a semana, dou um duro danado, mas, nos finais de semana, preciso descansar, esvaziar a cabeça. Então, quero que você atenda os pacientes, nesses dias e, depois, na segunda à tarde, apresente um relatório.

Eu, recém-chegado, iniciando minha carreira e sem emprego, achei uma ótima oportunidade e aceitei o convite.

Logo no primeiro fim de semana, de manhã bem cedo, fui chamado por um paciente que solicitou que comparecesse com urgência à sua residência. Lá chegando, um belo apartamento de frente para a Lagoa Rodrigo de Freitas, encontrei um homem de 34 anos e publicitário de sucesso. Ansiosíssimo e falando sem parar, relatou que passara a noite anterior em uma festa, na qual havia consumido grande quantidade de cocaína. Contou, ainda, que, a caminho de casa, encontrou um homem na rua, totalmente desconhecido, e o trouxera para sua residência. Estava profundamente arrependido e preocupado.

Chorando copiosamente, falou:

– Como fui capaz de cometer ato tão inconsequente, tão louco? Eu não tenho a menor ideia de como fui capaz de fazer isso! Esse indivíduo, Dr. Lynch, poderia até ter me matado ou mesmo ter transmitido o vírus do HIV.

Após ouvir o seu relato, fiquei impactado com a revelação e só consegui balbuciar algumas palavras no sentido de que ele tomasse mais cuidado e não se expusesse daquela maneira. Em seguida, prescrevi um tranquilizante.

No dia seguinte, transmiti o ocorrido ao neurologista, que, sem se abalar, me afirmou:

– Isso já ocorreu inúmeras vezes, ele não se emenda!

Compreendi, então, em toda sua essência, a frase de Oscar Wilde: "Resisto a tudo, menos às tentações".

Na semana seguinte, fui chamado por uma voz feminina, também muito ansiosa, que pedia que eu fosse à sua casa com urgência, pois seu marido estava ameaçando se suicidar. O endereço era em uma nobre avenida à beira a mar, andar alto, e o apartamento descortinava-se para uma maravilhosa vista do oceano.

O paciente, ao adentrar a sala, relatou que havia acabado de falir. Ele era proprietário de uma corretora de valores, se dizia desesperado e afirmava repetidamente:

– Como irei enfrentar os amigos e parentes que confiaram em mim? Estou completamente falido aos quarenta anos! Com o nome sujo na praça, como farei para recomeçar a vida? Estou achando que a minha única saída é me matar!

Sua esposa, uma mulher esguia e bonita que a tudo ouvia silenciosamente, levantou-se bruscamente e falou:

— Dr. Lynch, o senhor acredita mesmo que uma pessoa que está pensando em suicídio retira as sobrancelhas brancas com uma pinça?

— Como assim? - perguntei, espantado.

Ela explicou:

— Hoje pela manhã, entrei no banheiro e encontrei-o calmamente removendo as sobrancelhas brancas com a minha pinça!

Ele ficou muito irritado com essa observação, como se tivesse sido desmascarado. Então, sugeri que se acalmassem e afirmei que as pessoas que tinham investido com ele sabiam, ou pelo menos deveriam saber, dos riscos que corriam ao colocar o seu dinheiro na bolsa de valores. Não era o fim do mundo, afirmei.

Em seguida, retirei-me do recinto.

No dia seguinte, procurei o respeitado neurologista no seu consultório e relatei, em detalhes, os acontecimentos ocorridos naquele final de semana.

Em seguida, agradeci muito o generoso convite e a confiança que havia depositado na minha pessoa, mas afirmei que não iria continuar trabalhando como seu assistente, na função de neurologista clínico. Expliquei que havia feito uma difícil e concorrida residência em Neurocirurgia por cinco anos nos EUA e que, agora, estava pronto para operar casos complexos de tumor cerebral e/ou aneurismas.

Ele, contrariado, entendeu o meu argumento e me desejou felicidades.